高等院校材料科学与工程实验系列教材

高分子科学实验

Polymer Science Experiment

主 编　丁国新　张宏艳

副主编　程国君　王周锋

编 委（以姓氏笔画为序）

丁国新　王周锋　王媛媛

杨继年　张宏艳　高俊珊

程国君　滕艳华

U0257044

中国科学技术大学出版社

内 容 简 介

　　全书内容分为四个部分,第 1 部分为高分子化学与物理实验,实验项目 11 个。高分子化学实验与高分子物理实验有机结合,相互贯通,其中高分子化学实验主要涉及常用的高分子聚合反应,如自由基聚合、离子聚合、缩聚;高分子物理实验主要是高分子结构与性能测试,涉及高分子结构分析,高分子溶液性质,聚合物热性能、形貌分析等,同时穿插了部分材料应用,实验可操作性和实用性强。第 2 部分为高分子成型加工与分析测试实验,实验项目 3 个,围绕着塑料与橡胶的加工成型与性能测试。第 3 部分为综合性和设计性实验,实验项目 5 个,其目的是培养学生自主进行实验设计、实验实施,锻炼学生查阅文献、观察、总结的能力;第 4 部分为附录,包含了高分子化学实验室安全手册、常用有机溶剂纯化、聚合物化学分析及高分子化学与物理实验中的一些基础数据表。

图书在版编目(CIP)数据

高分子科学实验/丁国新,张宏艳主编. —合肥:中国科学技术大学出版社,2023.6
ISBN 978-7-312-05588-1

Ⅰ. 高…　Ⅱ.①丁…　②张…　Ⅲ.①高分子化学—化学实验—高等学校—教材　②高聚物物理学—实验—高等学校—教材　Ⅳ.O63-33

中国版本图书馆 CIP 数据核字(2023)第 048876 号

高分子科学实验
GAOFENZI KEXUE SHIYAN

出版	中国科学技术大学出版社
	安徽省合肥市金寨路 96 号,230026
	http://www.press.ustc.edu.cn
	https://zgkxjsdxcbs.tmall.com
印刷	安徽国文彩印有限公司
发行	中国科学技术大学出版社
开本	787 mm×1092 mm　1/16
印张	12.5
字数	310 千
版次	2023 年 6 月第 1 版
印次	2023 年 6 月第 1 次印刷
定价	50.00 元

前　　言

　　本书是编者在多年高分子实验教学经验的基础上,参考了国内众多高分子科学实验教材,为高分子材料与工程专业本科生高分子实验课程精心编写而成的,内容涵盖了高分子化学、高分子物理、高分子材料加工原理和材料现代分析测试技术的实验教学中的基础实验。编者对实验题材、实验内容、章节顺序等精心设置,对内容进行优化整合,对教学进度、教学方法和组织形式进行适当变革,并采取了连贯式实验教学模式,让实验内容前后呼应、环环相扣,旨在培养学生具有良好的实验技能、严谨的科学态度。本书的出版得到了安徽省高分子材料与工程专业改造提升项目(2021zygzts015)、高分子材料与工程省级一流本科专业建设项目的大力支持。

　　全书共分为四个部分,第1部分、附录由张宏艳、程国君、滕艳华编写,第2部分、第3部分由丁国新、王周锋、高俊珊、杨继年、王媛媛编写。全书由张宏艳、丁国新统稿和审定。

　　限于编者水平,本书在编写过程中难免出现疏漏之处,恳请读者批评指正,不胜感谢。

编　者

2022 年 9 月

目　　录

第 2 部分　高分子成型加工与分析测试实验

第3部分　综合性和设计性实验

第1部分

高分子化学与物理实验

实验 1　本体聚合法制备有机玻璃及其物理参数测定

1.1　有机玻璃的制备

【实验目的】

学习烯类单体本体聚合的方法,掌握烯类单体本体聚合的特点和难点,加深对自由基链式聚合中自动加速效应的理解。

【实验原理】

本体聚合是单体在引发剂、催化剂、热、光作用下进行的聚合。本体聚合的优点是聚合物中不含杂质,无需进行聚合物的纯化后处理。但是,由于烯类单体的聚合热很大,其聚合物又都是热的不良导体,它们的本体聚合常常是非常困难的。因此,在本体聚合中,一定要严格控制聚合速率,使聚合热能及时导出,以免造成局部过热,从而导致产物分解变色和产生气泡等问题。本实验以甲基丙烯酸甲酯(MMA)为单体、过氧化苯甲酰(BPO)为引发剂,聚合反应包括链引发、链增长、链终止和链转移等反应。

1. 聚合的历程

(1) 引发剂的分解:

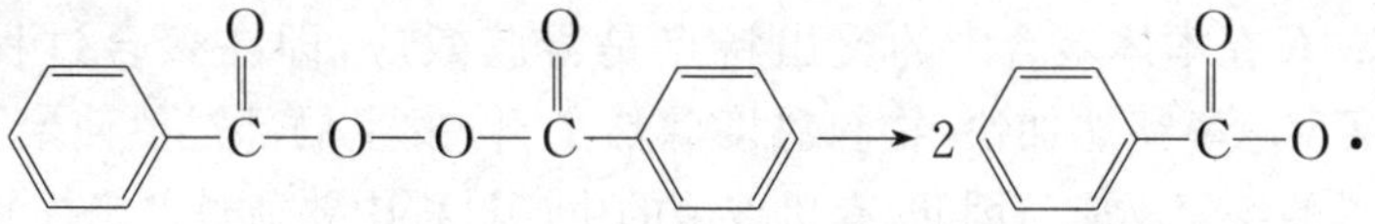

(2) 链的引发:

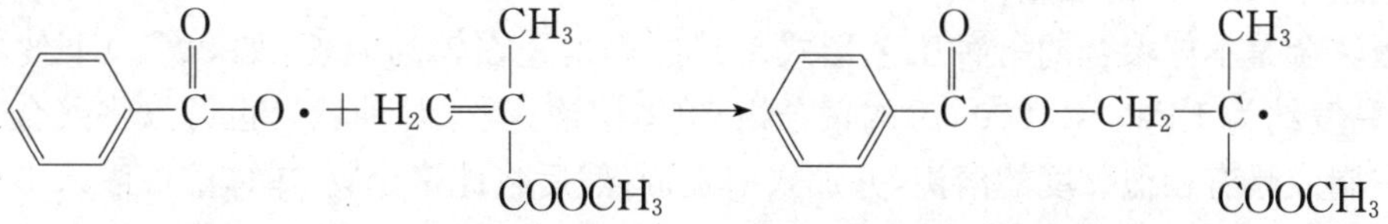

(3) 链的增长：

(4) 链的终止：

烯类单体本体聚合难以控制的一个重要原因是聚合过程中出现的自动加速效应。所谓自动加速效应，是指烯类单体自由基聚合过程中聚合速率随单体转化率增大而急剧增加的现象。自动加速效应往往发生在本体聚合或单体浓度较高的体系中。在烯类单体的自由基沉淀聚合即高分子聚合物在聚合过程中发生沉淀的体系中，自动加速效应也很明显。

2. 自动加速效应的原因

(1) 随着聚合反应的进行，转化率增大，物料黏度增高，活性增长链移动困难，致使增长链之间相互碰撞概率减小，链终止反应速率随之下降。

(2) 单体分子扩散作用不受体系黏度影响，活性链与单体分子结合进行链增长的速率保持不变，结果是聚合总速率增加，以致发生爆发性聚合。

本实验中单体 MMA 是含不饱和双键、结构不对称的分子，易发生聚合反应，聚合热为56.5 kJ/mol。MMA 在本体聚合中的突出特点是凝胶效应，即在聚合过程中，当转化率为10%～20%时，聚合速率突然加快，物料黏度骤然上升，发生局部过热使聚合物即刻成"爆米花状"，也就是常说的爆聚反应。因此，有机玻璃的生产过程中要通过严格控制聚合温度来控制聚合反应速率，保证产品质量。

铸板聚合是本体聚合的一种工艺形式。其过程是先在较高温度(如 90 ℃)下使单体预聚合，制得黏度约为 1 Pa·s(1000 cp)的聚合物-单体溶液(类似甘油状)，也可以将聚合物溶解于单体之中制成具有相似黏度的溶液，并加入引发剂；然后将此聚合物-单体溶液灌入事先制好的板式模具中，在较低温度(如 40 ℃)下使聚合完全。模具通常用干净的厚玻璃板制成。预聚物溶液的浓度不可过高，否则制成品中容易出现气泡。此外，过高的黏度还会使灌模过程难以进行。在较高温度下进行单体的预聚合是为了加快工艺过程，但灌模后一定要使聚合温度降到

40 ℃左右,使聚合缓慢进行,约 24 h 后单体聚合转化率达 80％～90％时,才可以升高聚合温度使残余单体转化为聚合体,并使引发剂分解完全。

【试剂和仪器】

精制的 MMA、精制的 BPO、玻璃板(10 cm×15 cm)、锥形瓶、玻璃纸、弹簧夹或螺旋夹、聚乙烯管等。

【实验步骤】

取两片平板玻璃洗净、烘干,按图 1-1 所示做好模具。

1. 预聚

将 70～80 g 精制过的 MMA 单体放入干净的干燥锥形瓶中,加入引发剂 BPO(为单体质量的 0.1％)。为防止预聚时水汽进入锥形瓶内,可在瓶口包上一层玻璃纸,再用橡皮筋扎紧。用 80～90 ℃水浴加热锥形瓶,至瓶内预聚物黏度与甘油黏度相近时,立即停止加热并用冷水冷却预聚物至室温。

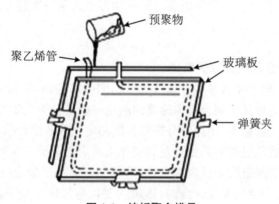

图 1-1　铸板聚合模具

2. 灌模

将所得的预聚物灌入模具中,也可使用玻璃纸折叠的漏斗来完成此步操作。灌模时要小心,不要使预聚物溢出模具外。模具不要灌满,稍留一点空间,以免预聚物受热膨胀而溢出模具,用玻璃纸将模具口封住。

3. 聚合

将灌浆后的模具放入 60～65 ℃水浴中恒温反应 2 h 或在 40 ℃下反应 7 天后,将其放入烘箱中,升温至 95～100 ℃并保持 1 h,使残留单体聚合完全。

4. 脱模

撤除夹板,打开模具,可得透明有机玻璃薄板一块。

【注意事项】

(1) 为提高学生的实验兴趣,可在模具中放入风景照片等。

（2）预聚时不要总是摇动锥形瓶，以减少氧气溶解在单体中，预聚时间约为 20 min。

（3）学生可将剩余的预聚物倒入一支小试管中进行爆聚实验，即在沸水温度下继续加热使爆聚反应发生，注意观察实验现象。

【思考题】

（1）本体聚合的主要缺点是什么？如何克服本体聚合中的凝胶效应？

（2）如果实验中预聚合反应不完全，那么会出现什么问题？

1.2 膨胀计法测定聚甲基丙烯酸甲酯的聚合反应速率

【实验目的】

掌握膨胀计的使用方法及测定聚合反应速率的原理；通过测定甲基丙烯酸甲酯（MMA）聚合反应速率，掌握验证聚合速率与单体浓度之间的动力学关系的实验方法。

【实验原理】

1. 膨胀计法测定聚合反应速率的原理

聚合过程中，不同的聚合体系和聚合条件具有不同的反应速率，聚合速率的测定对工业生产和理论研究具有重要的意义。聚合反应速率的测定一般可分为化学方法和物理方法两大类。化学方法是指在聚合反应过程中，用化学分析的方法测定生成的聚合物量和残存的单体量。物理方法则是指通过聚合反应过程中某物理量的变化来测定聚合反应速率。

本实验采用膨胀计法测定聚合反应速率，因为单体密度小于聚合物密度，所以在聚合过程中体系体积不断缩小，当一定量单体聚合时，体积的变化与转化率成正比。如果将这种体积的变化置于一根直径很小的毛细管中观察，那么测试灵敏度将大大提高，这种方法就叫作膨胀计法。

若以 ΔV_t 表示聚合反应 t 时刻的体积收缩值，ΔV_∞ 表示单体完全转化为聚合物时的体积收缩值，则单体转化率为

$$C_t = \frac{\Delta V}{\Delta V_\infty} = \frac{\pi r^2 h}{V_0 K} \tag{1-1}$$

式中，r 为毛细管半径，cm；h 为某时刻聚合体系的液面下降高度，cm；V_0 为聚合体系起始体积；K 为单体全部转化为聚合物时的体积变化率。

$$K = \frac{d_p - d_m}{d_p} \times 100\%$$

式中，d_p 为聚合物密度，g/mL；d_m 为单体密度，g/mL。

聚合速率为

$$R_p = -\frac{d[M]}{dt} = \frac{[M]_2 - [M]_1}{t_2 - t_1} = \frac{C_2[M]_0 - C_1[M]_0}{t_2 - t_1} = \frac{C_2 - C_1}{t_2 - t_1}[M]_0 = \frac{dC}{dt}[M]_0 \tag{1-2}$$

因此,通过测定某一时刻聚合体系的液面下降高度,即可算出 t 时刻的体积收缩值和转化率,进而绘制出转化率-时间关系曲线,取直线部分的斜率,即可求出聚合反应速率。

应用膨胀计法测定聚合反应速率既简便又准确。此法只适用于测量转化率在 10% 以内的聚合反应速率,因为只有在稳定阶段(10% 以内的转化率)才能用上式求取平均速率,体积收缩呈线性关系,超过此阶段,体系黏度增大,导致自动加速,用式(1-2)计算出的速率已不是体系的真实速率,且膨胀计毛细管弯月面的黏附也会导致较大误差。

2. 验证动力学关系

根据自由基聚合反应机理,在一定假设和条件下可推导出聚合初期的动力学微分方程

$$R_p = \frac{d[M]}{dt} = k_p \left(\frac{fk_d}{k_1}\right)^{1/2} [I]^{1/2} [M] \tag{1-3}$$

聚合速率 R_p 与引发剂浓度的 1/2 次方成正比、与单体浓度成正比。在转化率较低时,可假定引发剂浓度保持恒定,微分式积分可得

$$\ln([M]_0/[M]) = kt \tag{1-4}$$

式中,$[M]_0$ 为起始单体浓度,mol/L;$[M]$ 为 t 时刻单体浓度,mol/L;k 为综合速率常数,s^{-1}。式(1-4)为直线方程,如果从实验中测出不同时间的单体浓度值,算出不同时间的 $\ln([M]_0/[M])$ 数值,然后作图,那么应得到一条直线,由此可验证聚合反应速率与单体浓度的动力学关系式。

根据单体浓度与单体转化率的关系

$$[M] = [M]_0(1-C) \tag{1-5}$$

将式(1-5)代入式(1-4),可得

$$\ln[1/(1-C)] = kt \tag{1-6}$$

从实验中测定不同时刻 t 的单体转化率 C,可求出不同时刻的 $\ln[1/(1-C)]$,将其对时间 t 作图,应得到一条直线,由此可验证聚合反应速率与单体浓度的动力学关系式。

【试剂和仪器】

MMA(除阻聚剂)、过氧化二苯甲酰(精制)、丙酮、膨胀计(内径标定 $r=0.5$ mm,图 1-2)、恒温水浴装置(控温精度为 0.1 ℃)、分析天平、25 mL 磨口锥形瓶、1 mL 和 2 mL 注射器各一支、称量瓶。

【实验步骤】

(1)移液管移取 20 mL MMA 于洗净烘干的 25 mL 磨口锥形瓶中,在天平上称 0.26 g 已精制的 BPO 并放入锥形瓶中,摇匀溶解。

(2)在膨胀计毛细管的磨口处均匀涂抹真空油脂(磨口上沿的 1/3 范围内),将毛细管口与聚合瓶旋转配合,用橡皮筋固定好,用分析天平精称 W_1。

(3)取下膨胀计的毛细管,将已配好的单体和引发剂溶液缓慢加入聚合瓶,直至磨口下沿往上 1/3 处。将剩余的单体和引发剂溶液倒入小烧杯中,毛细管底部浸入其中,用洗耳球吸取液体至毛细管 1.5 mL 刻度左右,再将毛细管口与聚合瓶旋转配合,检查是否严密,防止泄漏。

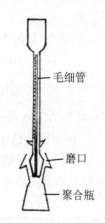

毛细管

磨口

聚合瓶

图 1-2 膨胀计示意图

然后仔细观察聚合瓶中和毛细管中的溶液内是否残留气泡。若有气泡,则必须取下毛细管并将磨口重新涂抹真空油脂后再配合好;若无气泡,则用橡皮筋固定好,用滤纸把膨胀计上溢出的单体吸干,再用分析天平称重 W_2。

(4) 将膨胀计垂直固定在夹具上,使聚合瓶浸于恒温 50±0.1 ℃水浴中,水面在磨口沿以下。此时,膨胀计毛细管中的液面因受热而迅速上升。仔细观察毛细管中的液面高度变化,当反应物与水浴温度达到平衡时,毛细管液面不再上升,记录此时刻液面高度,即为反应的起始点。

(5) 反应初期,由于体系混有少量杂质,使聚合反应的链引发不能立即开始,毛细管中的液面高度在短时间内保持不变,这段时间称为诱导期。过了诱导期,液面开始下降,聚合反应开始,记录时间及液面高度,每隔 3 min 记录一次,直至液面降至毛细管以下。

(6) 从水浴中取出膨胀计,将聚合瓶中的聚合物倒入回收瓶,用少量丙酮浸泡聚合瓶,用洗耳球不断地将丙酮吸入毛细管中进行反复冲洗,至毛细管中充满丙酮后迅速流下,时干燥即可。

【数据处理】

1. 实验参数

(1) 聚合体系起始体积

$$V_0 = W/d_m (\text{mL})$$

式中,d_m 在 50 ℃时为 0.94 g/mL;W 为膨胀计中聚合液质量。

$$W = W_2 - W_1 (\text{g})$$

(2) 体积变化率

$$K = \frac{d_p - d_m}{d_p} \times 100\%$$

式中,d_p 在 50 ℃时为 1.179 g/mL。

(3) 单体起始浓度

$$[M]_0 = \frac{W/M}{V} = \frac{V \times d_m}{M} \times \frac{1}{V} \times 10^3 = \frac{d}{M} \times 10^3 (\text{mol/L})$$

式中,M 为 MMA 分子量。

2. 测定聚合速率

按表 1-1 记录数据,计算各参数,绘制转化率(C)与聚合时间 t 关系图,线性回归求得斜率,再乘以单体浓度即得聚合初期反应速率。

表 1-1 实验数据记录

实验参数	t	T	V	ΔV	$C/\%$	$\ln[1/(1-\Delta V/V_0 K)]$
单位	s	℃	mL	mL		

其他需记录的参数包括 $W_1(\mathrm{g})$、$W_2(\mathrm{g})$。

3. 验证动力学关系式

按表 1-1 求出最后一项，绘制 $\ln[1/(1-\Delta V/V_0 K)]$ 与 t 的关系图，求出直线斜率并进行验证。

【注意事项】

（1）测定动力学用的甲基丙烯酸甲酯（MMA）必须是新蒸馏的。

（2）在操作过程中，当未用皮筋将毛细管和聚合瓶固定时，一定要将它们分别放好，以防摔碎。另外，尽量不要用手拿聚合瓶，否则会使聚合液受热，毛细管液面波动增大。

【思考题】

（1）MMA 在聚合过程中为何会产生体积收缩现象？本实验测定聚合速率的原理是什么？测定时水浴温度偏高，会对实验结果和图形产生怎样的影响？

（2）若采用偶氮二异丁腈作引发剂，则聚合速率将如何改变？实验过程中的现象如何？

1.3　有机玻璃黏均分子量的测定

【实验目的】

了解聚合物分子量统计平均的意义，掌握黏度法测定聚合物分子量的基本原理，分析分子量大小对聚合物性能和加工性能的影响。

【实验原理】

测定聚合物分子量的方法虽然很多，但各种方法都有它的优缺点，由不同方法得到的分子量的统计平均意义也不一样。

稀溶液黏度法测定聚合物的分子量所用仪器设备简单、操作便利、适用的分子量范围大、又有相当好的实验精确度，所以黏度法是一种被广泛应用的测定聚合物分子量的方法。但它只是一种相对方法，因为特性黏数-分子量经验关系式是要用分子绝对测定方法进行校正的，并且在不同的分子量范围内，通常要用不同的经验公式。

液体的流动是指分子受外力作用进行不可逆位移的过程。液体分子间存在着相互作用力，所以当液体流动时，分子间就会产生反抗其相对位移的摩擦力（内摩擦力），液体的黏度就是液体分子间这种内摩擦力的表现。

依照牛顿的黏性流动定律，当两层流动液体面间（设面积为 A）因液体分子间的内摩擦力而产生流速梯度时，液体对流动的黏性阻力为

$$f = A\eta \frac{\mathrm{d}v}{\mathrm{d}z} \tag{1-7}$$

式中，η 为液体的黏度，单位是 Pa·s。当液体在半径为 R、长度为 L 的毛细管里流动时，如果在毛细管两端间的压力差为 P，并且假使促进液体流动的力（$\pi R^2 P$）全部用于克服液体对流动的黏滞阻力，那么在离轴 r 和 $r+\mathrm{d}r$ 的两圆柱面间的流动服从方程式

$$\pi R^2 P + 2\pi r L \eta \,\mathrm{d}v/\mathrm{d}r = 0 \tag{1-8}$$

式(1-8)决定了液体在毛细管里流动时的流速分布 $v(r)$。假如液体可以润滑管壁，管壁与液体间没有滑动，则 $v(R)=0$，那么

$$v(r) = \int_R^r \frac{\mathrm{d}v}{r}\mathrm{d}r = -\frac{P}{2L\eta}\int_R^r r\,\mathrm{d}r = \frac{P}{4L\eta}(R^2 - r^2) \tag{1-9}$$

所以平均流出容速，即时间 t 内流出液体体积是 v 时的流出容速

$$\frac{V}{t} = \int_0^R 2\pi r v\,\mathrm{d}r = \frac{\pi P}{2L\eta}\int_0^R r(R^2 - r^2)\,\mathrm{d}r = \frac{\pi P R^4}{8L\eta} \tag{1-10}$$

则液体的黏度可表示为

$$\eta = \frac{\pi P R^4 t}{8LV} \tag{1-11}$$

但是，液体黏度的绝对值是很难测定的，一般都测定相对黏度。在用稀溶液黏度法表征聚合物分子量时，也只要测定溶液与溶剂的相对黏度。

高分子溶液的黏度比纯溶剂的黏度大得多，溶液的黏度除了与聚合物的分子量有密切关系以外，还对溶液浓度有很大的依赖性。因此，在用黏度法测定聚合物的分子量时要消除浓度对黏度的影响。常以两个经验式——哈金斯（Huggins）方程式和克雷默（Kraemer）方程式，表示黏度对浓度的依赖关系

$$\eta_{\mathrm{sp}}/c = [\eta] + [\eta]^2 c \tag{1-12}$$

$$\ln \eta_{\mathrm{r}} = [\eta] - \beta[\eta]^2 c \tag{1-13}$$

式中，η_{r} 为溶液的相对黏度；η_{sp} 为溶液的增比黏度；k 和 β 均为常数。若以 η_0 表示纯溶剂的黏度、η 表示溶液的黏度，则

$$\eta_{\mathrm{r}} = \eta/\eta_0 \tag{1-14}$$

$$\eta_{\mathrm{sp}} = [\eta - \eta_0]/\eta_0 = \eta_{\mathrm{r}} - 1 \tag{1-15}$$

$$\lim_{c\to 0}\eta_{\mathrm{sp}}/c = \lim_{c\to 0}[\ln \eta_{\mathrm{r}}]/c = [\eta] \tag{1-16}$$

$[\eta]$ 就是高分子溶液的特性黏数，与溶液浓度无关，单位通常是 mL/g 或 dL/g。

大部分线形柔性链高分子-良溶剂体系在稀溶液范围内都满足式(1-12)和式(1-13)，所以按式(1-12)、式(1-13)，将 η_{sp}/c 对 c 和 $[\ln \eta_{\mathrm{r}}]/c$ 对 c 作图，外推到 $c\to 0$ 所得的截距应重合于一点，即 $[\eta]$ 值（图 1-3）。

当溶液体系确定后，在一定温度下，高分子溶液的特性黏数只与聚合物分子量大小有关，所以有时也用 $[\eta]$ 来表示分子量的大小。

在早期工作中，许多人应用理论方法来推导聚合

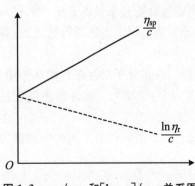

图 1-3　$\eta_{\mathrm{sp}}/c\,\text{-}\,c$ 和 $[\ln \eta_{\mathrm{r}}]/c\,\text{-}\,c$ 关系图

物的特性黏数与分子量之间的关系,并证明,在溶液内高分子线团如果卷得很紧,在流动时线团内的溶剂分子随着高分子一起流动,则高分子的特性黏数与分子量的平方根成正比,$[\eta]\propto M^{1/2}$;假如线团松懈,在流动时线团内的溶剂分子是完全自由的,那么高分子的特性黏数应与分子量成正比,$[\eta]\propto M$。因此,高分子的特性黏数和分子量的关系式依高分子在溶液里的形态不同而异,而高分子的形态是高分子链段和高分子-溶剂分子间相互作用力的反映,所以特性黏数-分子量关系随所用溶剂、测定温度的不同而不同。目前,特性黏数-分子量关系常用一个包含两个参数的马克-霍温克(Mark-Houwink)经验式表示

$$[\eta] = KM^\alpha \tag{1-17}$$

式中,K、α 需经测定分子量的绝对方法标定。对于常见的聚合物溶液体系而言,α 可以从聚合物手册中查到,大部分高分子溶液的 α 的数值在 0.5~1.0 之间。测定高分子溶液的黏度以乌式稀释黏度计最为合适(图 1-4)。一般选择纯溶剂流出时间大于 100 s 的黏度计,就可以略去流动时能量损耗的主要部分,即动能消耗的影响,所以式(1-11)即为

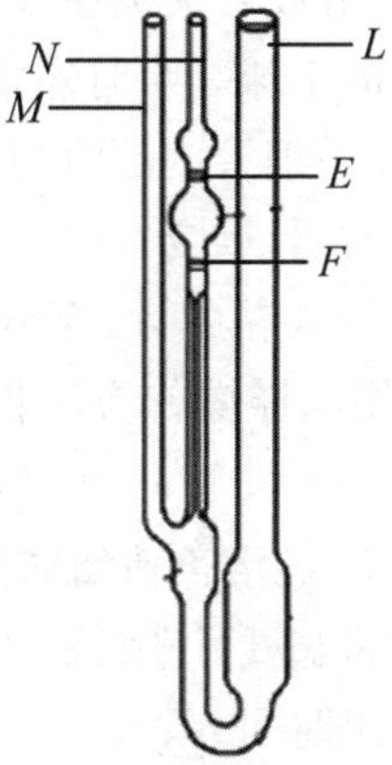

$$\eta = \pi g h \rho R^4 t/8LV \tag{1-18}$$

式中,g 为重力加速度;h 为流经毛细管的液柱的平均高度,ρ 为所测液体的密度;t 为液体流经毛细管所需时间。

$$A = \pi g h R^4/8LV \tag{1-19}$$

图 1-4 乌式黏度计示意图

式中,A 是由黏度计所决定的常数,与液体性质无关,则高分子溶液的黏度为 $\eta = A\rho t$,溶剂的黏度为 $\eta_0 = A\rho_0 t_0$。当测定的溶液很稀时,$\rho \approx \rho_0$,故

$$\eta_r = \eta/\eta_0 \approx t/t_0 \tag{1-20}$$

$$\eta_{sp} = \eta_r - 1 = t/t_0 - 1 \tag{1-21}$$

这样只要在同一温度下测定纯溶剂和不同浓度的聚合物溶液流经毛细管的时间 t_0 和 $t(t_1, t_2, t_3, t_4, t_5)$,就可算出不同浓度溶液的 η_r 和 η_{sp}。

【试剂和仪器】

自制聚甲基丙烯酸甲酯(PMMA)粉末、丙酮、乌式黏度计、恒温水槽一套、秒表、移液管、容量瓶、3♯熔砂漏斗。

【实验步骤】

1. 玻璃仪器的洗涤

先用经熔砂漏斗滤过的水洗涤黏度计,倒挂干燥,后用新鲜温热的铬酸洗液(滤过)浸泡黏度计数小时,再用(经熔砂漏斗滤过的)蒸馏水洗净,烘干后待用。其他仪器,如容量瓶、移液管也需无尘洗涤,干燥后待用。

2. 高分子溶液的配制

准确称取 PMMA 粉末 0.25 g,用少量丙酮(10~15 mL)将其全部溶解在烧杯中,移入 25 mL 容量瓶中,用丙酮洗涤烧杯 3~4 次,洗液一并转入容量瓶中,并稍稍摇晃做初步混匀,然

后将容量瓶置于恒温水槽(20 ℃)中恒温,用丙酮稀释至刻度,摇匀溶液,再用熔砂漏斗将溶液滤入一只 25 mL 无尘干燥的容量瓶中,放入恒温水槽中待用。盛有纯溶剂丙酮的容量瓶也放入恒温水槽中恒温待用。

3. 溶液流出时间的测定

在黏度计的 M、N 管上小心地接入乳胶管,用固定夹夹住黏度计的管,并将黏度计垂直放入恒温水槽中,使水面浸没 F 线上方的小球。用移液管向 L 管中注入 10 mL 溶液,恒温 10 min 后,用乳胶管夹夹住 N 管上的乳胶管,在 M 管乳胶管上接一注射器,缓慢抽气,待液面升到 E 上方的小球一半时停止抽气,先拔下注射器,而后放开 N 管的夹子,让空气进入 L 管下端的小球,使毛细管内溶液与 L 管下端的球分开。此时液面缓慢下降,用秒表记下液面从 E 线流到 F 线的时间,重复 3 次,每次测量的时间相差不超过 0.2 s,取其平均值作为 t_1。然后再移取 5 mL 溶剂注入黏度计,充分混合均匀,这时溶液浓度为原始溶液浓度的 2/3,再用同样的方法测定 t_2。用同样操作方法再分别加入 5 mL、10 mL 和 10 mL 溶剂,使溶液浓度分别为原始溶液的 1/2、1/3 和 1/4,测定各自的流出时间 t_3、t_4、t_5。

4. 纯溶剂流出时间的测定

将黏度计中的溶液倒出,用无尘溶剂(本实验中的溶剂是水)洗涤黏度计数遍,测定纯溶剂的流出时间 t_0。

【数据处理】

(1) 记录数据。

实验恒温温度:_____;纯溶剂:_____;

纯溶剂密度 ρ_0:_____;溶剂流出时间 t_0:_____;

试样名称:_____;聚合物在该条件下的 K 值:_____;

α 值:_____。

将溶剂的加入量、测定流出时间记入表 1-2。

表 1-2　实验数据记录

溶剂体积(mL)	浓度 c_1 (g/mL)	流出时间 t(s)				η_r	$\ln \eta_r$	η_{sp}	η_{sp}/c (g/mL)	$[\ln \eta_r]/c$ (mL/g)
		第1次	第2次	第3次	平均值					

(2) 使用函数绘图软件 Origin 8.0 作图,以浓度为横坐标,分别以 η_{sp}/c、$[\ln \eta_r]/c$ 为纵坐标作图,两条拟合直线交纵坐标于一点,即为特性黏数 $[\eta]$,$[\eta]=A/c_0$,若 $[\eta]=KM^\alpha$,则 $M=([\eta]/K)^{-\alpha}$,从聚合物手册中查到 PMMA-丙酮溶液在 20 ℃时,$K=0.55\times10^{-2}$,$\alpha=0.73$,代入上式计算 M。

【注意事项】

（1）黏度计和待测液体的洁净是决定实验成功的关键。因为黏度计内毛细管细小，很小的杂质如灰尘、纤维等都能阻塞毛细管或影响液体的流动，使测定的流出时间不可靠，所以放入黏度计的液体必须经 2♯ 或 3♯ 熔砂漏斗滤过，新的熔砂漏斗使用前也应仔细清洗，务必除去全部玻璃屑。洗涤时所用的溶剂、洗液、自来水、蒸馏水等都应经过过滤，以保证黏度计等玻璃仪器的清洁无尘。

（2）在每次加入溶剂稀释溶液时，必须将黏度计内的液体混合均匀，还要将溶液吸到 E 线上方的小球内两次，润洗毛细管，否则溶液流出时间的重复性差。

（3）在使用有机物质作为聚合物的溶剂时，盛放过高分子溶液的玻璃仪器，应先用这种溶剂浸泡和润洗，待洗去聚合物、吹干溶剂等有机物质后，才可用铬酸洗液浸泡，否则有机物质会把铬酸洗液中的重铬酸钾还原，令洗液失效。

（4）先测定高分子溶液的流过时间，再测定纯溶剂的流过时间，因为在测定高分子溶液的流过时间时，常会有高分子吸附在毛细管管壁，所以相当于高分子溶液流过了较细的毛细管，为了得到高分子溶液真实的相对黏度，后测纯溶剂的流过时间，这样纯溶剂流过的也是较细的毛细管，消除了高分子在毛细管上的吸附对结果的影响。反之，如果在测定溶液之前先测定纯溶剂的流过时间，此时毛细管并未被高分子吸附，纯溶剂将在较短的时间内流过毛细管，测定纯溶剂流过时间的毛细管状态和测定溶液流过时间的毛细管状态不一致，如果高分子在毛细管管壁的吸附严重，那么 $\eta_{sp}/c\text{-}c$ 的图将是一条凹形的曲线。

【思考题】

（1）从手册上查 K、α 值时要注意什么？

（2）能否先测纯溶剂的流过时间再测溶液的流过时间？这样做会对实验结果有何影响？

（3）配制高分子溶液时，选择多大的浓度较为适宜？还要考虑哪些因素？

（4）选择乌氏黏度计型号与溶剂时应注意什么？

1.4　聚甲基丙烯酸甲酯温度-形变曲线的测定

【实验目的】

通过聚甲基丙烯酸甲酯（PMMA）温度-形变曲线的测定，了解聚合物在受力情况下的形变特征，掌握温度-形变曲线的测定方法和玻璃化转变温度 T_g、黏流转变温度 T_f 的求取方法。

【实验原理】

1. 热机械分析

热机械分析（TMA）是在过程控制温度下测量物质在非振动负荷下的形变与温度关系的技

术。实验室对具有一定形状的试样施加外力(施加方式有压缩、扭转、弯曲和拉伸等),根据所测试样的温度-形变曲线就可以得到试样在不同温度(时间)下的力学性质。

2. 温度-形变曲线

在一定的力学负荷下,高分子材料的形变量与温度的关系称为高聚物的温度-形变曲线(或称热机械曲线)。测定聚合物的温度-形变曲线,是研究高分子材料力学状态的重要手段。高分子材料因其结构单元的多重性而导致了运动单元的多重性,在不同的温度(时间)下可表现出不同的力学行为,所以通过温度-形变曲线的测量可以了解聚合物的分子运动与力学性质间的关系,求得不同分子运动能力区间的特征温度,如玻璃化温度、黏流温度、熔点和分解温度等。在实际应用方面,温度-形变曲线可以用来评价高分子材料的耐热性、使用温度范围和加工温度等。通过测定聚合物的温度-形变曲线可以了解:

(1) 聚合物的分子运动与力学性质间的关系;

(2) 分析聚合物的结构形态(如结晶、交联、增塑、分子量等);

(3) 反应在加热过程中发生化学变化(如交联、分解等);

(4) 求聚合物的特征温度(如玻璃化温度、黏流温度等);

(5) 评价聚合物的耐热性、使用温度范围和加工温度等。

影响温度-形变曲线的因素有:

(1) 聚合物的组成、化学结构、分子量、结晶度、交联度等因素;

(2) 实验条件设定,如升温速率由运动的松弛性质决定,升温速率快,测得的 T_g 和 T_f 都较高;载荷大小,如增加载荷有利于运动过程的进行,所以 T_g、T_f 均会下降,且高弹态会不明显。

3. 非晶态聚合物的温度-形变曲线

图 1-5 所示为线型非晶态聚合物的温度-形变曲线,其具有玻璃态、高弹态、黏流态三种不同的力学状态。

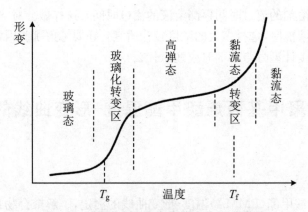

图 1-5 线型非晶态聚合物的温度-形变曲线

(1) 温度足够低时,高分子的运动能量不足以克服整个分子链和链段的运动所需克服的位垒,高分子链和链段的运动被"冻结",外力的作用只能引起高分子键长和键角的变化。因此,聚合物的弹性模量大,形变-应力的关系服从胡克定律,其机械能与玻璃相似,表现出硬且脆的物理机械性质,这时聚合物处于玻璃态。在玻璃态温度区间内,聚合物的力学性质变化不大,在温度-形变曲线上玻璃区是接近横坐标的斜率很小的一段直线。

（2）随着温度上升，分子热运动的能量逐渐增加，到达玻璃化转变温度 T_g 后，分子的运动能量已经够链段运动所需克服的位垒，链段首先开始运动，这时聚合物的弹性模量骤降，形变量大增，表现为柔软且富有弹性的高弹体，聚合物进入高弹态，温度-形变曲线急剧向上弯曲，随后基本维持在同一"平台"上。

（3）温度进一步升高至黏流温度 T_f，整个高分子链能够在外力作用下发生滑移，聚合物进入黏流态，成为可以流动的黏液，产生不可逆的永久变形，在温度-形变曲线上表现为形变急剧增加，曲线向上弯曲。

玻璃态与高弹态之间的转变温度就是玻璃化温度 T_g，高弹态与黏流态之间的转变温度就是黏流温度 T_f。前者是塑料的使用温度上限和橡胶类材料的使用温度下限，后者是成形加工温度的下限。

并不是所有的非晶高聚物都具有三种力学状态，如聚丙烯腈的分解温度低于黏流温度，不存在黏流态。此外结晶、交联、添加增塑剂都会使 T_g、T_f 发生相应的变化。非晶高聚物的相对分子质量增加会导致分子链相互滑移困难、松弛时间增长、高弹态平台变宽、黏流温度增高。在结晶聚合物的晶区，高分子受晶格束缚，链段和分子链都不能运动，当结晶度足够高时，试样的弹性模量很大，在一定的外力作用下，形变量很小，其温度-形变曲线在结晶熔融之前是斜率很小的一段直线；温度升高至结晶熔融时，热运动克服了晶格能，分子链和链段都能突然活动起来，聚合物直接进入黏流态，形变急剧增大，曲线突然转折向上弯曲。聚合物在加入增塑剂后，聚合物分子间的作用力减小，分子的运动空间增大，使整个分子链更容易运动，试样的 T_g 和 T_f 都下降。

交联高聚物的分子链因交联而不能够相互滑移，不存在黏流态。轻度交联的聚合物因为网络间的链段仍可以运动，所以存在高弹态、玻璃态。高度交联的热固性塑料只存在玻璃态一种力学状态。增塑剂的加入使高聚物分子间的作用力减小，分子运动空间增大，从而使试样的 T_g 和 T_f 都下降。

因为力学状态的改变是一个松弛过程，所以 T_g、T_f 往往随测定方法和条件的改变而改变。例如，在测定同一种试样的温度-形变曲线时，若所用负荷的大小和升、降温速率不同，则测得的 T_g 和 T_f 不一样。随着负荷增加，T_g 和 T_f 将降低；随着升、降温速率增大，T_g 和 T_f 都向高温方向移动。为了比较多次测量所得的结果，必须采用相同的测试条件。

本实验使用 TMA2940 型热机械分析仪对自制有机玻璃圆片进行测量。

【仪器和样品】

热机械分析仪（TMA2940），自制有机玻璃圆片。

【实验步骤】

1. 制样

本实验样品是直径为 4.5 mm、厚为 4～6 mm 的圆柱形自制样品。

2. 压缩、针入度实验

首先将压缩实验室放入吊筒内，把升降架探出的测温探头对正插入实验室内，把吊筒缩紧在升降试架上,保证吊筒对正高温炉体内中心孔。摇动升降手轮,使吊筒进入炉体内,锁紧升降试架。把测量杆压头穿入升降试架上方孔内,同时把传感器托片对正传感器压头并紧固在测量杆压头上。调整螺旋测微仪,恒温后放上所需砝码进行实验。一个实验做完后,松开升降试架手柄,摇动升降手轮,将吊筒提出炉外,再更换另一个试样,进行下一个实验。

3. 进入实验系统

打开计算机,进入实验系统。

4. 输入密码

进入用户管理界面后,用户即可对本实验进行操作。

(1) 在实验的种类"实验方法"窗口中选择本次实验的种类"压缩"。

(2) 在"实验尺寸"窗口中选择本次实验的试样尺寸。

(3) 在"载荷选配表"窗口中选择本次实验的砝码质量并加载到实验架上。

(4) 速率设定:根据实验方法来选择升、降温速率。升温速率在 $0.5 \sim 5\ ℃/min$ 范围内任意设定,降温速率在 $-0.5 \sim 2\ ℃/min$ 范围内任意设定。

(5) 根据实验的经验值设定升温的上限温度和下限温度。

(6) 变形量的选择:根据实验的理论值来设置变形量,其中膨胀变形的最大值为 $0.5\ mm$。

(7) 实验架位移传感器调零:当开始调零或膨胀实验调零不在零点附近时,调整实验架的位移传感器,使其在零点附近。

(8) 当上述参数设置完成后,单击"开始实验"按钮,稍后会出现两个界面,即温度-变形曲线和时间-温度曲线。

(9) 打印报告:在实验完成后,蜂鸣器报警,用户必须在"实验"菜单下选择"消音"按钮来解除报警。在"实验"菜单下选择"打印"按钮,即弹出"打印实验报告报表",用户根据报告提示输入要求的内容,连接好打印机,选择"确定"按钮,即可打印报告和实验的变形曲线。

【数据处理】

(1) 根据温度-形变曲线求出转变温度。

(2) 将所得的温度-形变曲线转换为模量-温度曲线。

【思考题】

(1) 线型非晶态聚合物的温度-形变曲线与分子运动有什么内在联系?

(2) 聚合物的温度-形变曲线受哪些条件影响? 研究聚合物的温度-形变曲线有哪些理论与实际意义?

(3) 为什么黏流转变点曲线的转折没有玻璃化转变的陡?

1.5　有机玻璃的介电系数及介电损耗测定

【实验目的】

加深理解介电系数、介电损耗的物理意义和测试原理,掌握 Q 表的工作原理及操作方法。

【实验原理】

介电系数 ε 表征电介质贮存电能的能力大小,是介电材料的一个十分重要的性能指标。介电损耗 $\tan\delta$ 是指电介质在交变电场中,一个周期内介质的损耗能量与贮存能量的比值。高聚物的 $\tan\delta$ 是小于 1 的,而极性高聚物的 $\tan\delta$ 一般在 10^{-2} 量级。高聚物的分子极性越大,极性基团密度越大,介电损耗越大,当极性基团位于高聚物分子 β 位置上或柔性侧基的末端时,介电损耗并不大,但对介电系数有较大的贡献。为了表示交变电场下的介电损耗,实际计算时常利用电容器的等效电路。因为聚合物链段运动的松弛时间可与实验所用的频率相比较,所以介电测量方法可用来检测极性聚合物在玻璃化转变时所表现出的链段运动。通常根据以聚合物作为电介质的电容器的电容和损耗因子,来计算介电系数和介电损耗。大多数测定 T_g 的方法(如膨胀计或热测量)都很慢,松弛时间一般超过 100 s,而介电方法相反,只需 $10^{-6}\sim10^{-2}$ s。用 WLF 方程可以算出与前述的松弛时间之差相对应的 T_g 变化值。

测定介电系数和介电损耗的仪器常用 Q 表。它由高频信号发生器、LC 谐振回路、电子管电压表和稳压电源组成,如图 1-6 所示。在这个线路中,R 被设计成一个无感的耦合元件,如果保持回路中的电流不变,那么当回路发生谐振时,其谐振电压比输入电压高 Q 倍,即 $E_0=QE_i$。因此,直接把电压指示刻度记作 Q 值,Q 又称为品优因数。

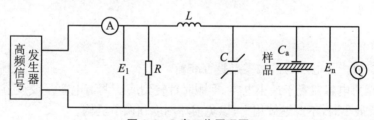

图 1-6　Q 表工作原理图

不加样品时,回路的能量损耗小,Q 值最高;加了样品后,Q 值降低。分别测定不加样品与加样品时的 Q 值(以 Q_1、Q_2 表示)及相应的谐振电容 C_1、C_2,则介电系数和介电损耗的计算公式为

$$\varepsilon = 14.4d(C_1-C_2)/D^2 \tag{1-22}$$

式中,d 为样品厚度,cm;D 为电极直径,cm。

$$\tan\delta = [C_1(Q_1-Q_2)]/[Q_1Q_1(C_1-C_2)] \tag{1-23}$$

影响材料 ε 和 $\tan\delta$ 的因素很多,如湿度、温度、施于样品上的电压、接触电极材料等。因此,测试必须在标准湿度、标准温度、一定的电压范围内才能进行。

【仪器和样品】

WY2851Q 表(图 1-7)、WY914 介电损耗测试装置、电感器 LK-3(用于 15 MHz 测试 ε 和 $\tan\delta$ 值)、电感器 LK-9(用于 1 MHz 测试 ε 和 $\tan\delta$ 值)。

自制有机玻璃圆片(直径为 30 mm、厚为 2 mm),在测定前用溶剂(对试样无作用)清洁试样表面,并在 25($\pm$2) ℃或 25($\pm$5) ℃、相对湿度为 65($\pm$5)%的环境中放置 16 h 以上。

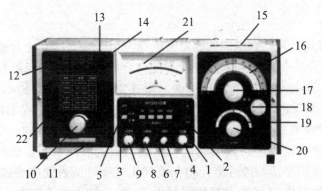

图 1-7　WY2851Q 表结构图

1. 电源开关;2. 电源指示灯;3. ΔQ 和 Q 选择,按下时为 ΔQ 测量;4. Q 预置设置;5. Q 预置合格显示 LED(GO);6. Q 量程选择;7. Q 零位调节;8. ΔQ 调零位细调;9. ΔQ 调零位粗调;10. 频率调节;11. 频率频段选择;12. 频率显示;13. 频率单位 MHz;14. 频率单位 kHz;15. 测试回路接线柱;16. 调谐电容刻度;17. 刻度指针座;18. 慢速调谐旋钮;19. 微调电容刻度;20. 微调谐旋钮;21. Q 和 ΔQ 指示电表;22. 测电感时相应频率表格

【实验步骤】

(1) 测试前准备。

检查仪器 Q 值指示电表的机械零点是否准确。

将 Q 表主调协电容器置于最小电容,即顺时针转到底。调谐电容量或调节振荡频率时,当刻度已达最大或最小时,不要继续用力,以免损坏刻度和调节机构。

选择适当电感量的线圈接在 L_x 接线柱上,本实验选用标准电感 LK-3($L=0.996\ \mu H$、$C=5\ pF$、$Q\geqslant 250$)。

将介电损耗测试装置插到 Q 表测试回路的"电容",即"C_x"的两个端口上。

(2) 接通电源,仪器预热 30 min,待频率读数稳定后方可进行有效测试。注意测试时手不得靠近被测样品,以免人体感应影响测量值。

(3) 选择合适频率挡(本实验选择高频段),分别用"粗调"和"细调"两个旋钮调节频率,使测量频率处于本实验所需的 15 MHz。

(4) 选择 Q 值量程(选择高量程时,同时按下"低量程"按钮)。本实验选 1000 挡(注意将 31

挡、100 挡、310 挡、1000 挡的开关都一起按下）。

（5）调节平板电容器测微杆，使两个极片相接，读取刻度值并记为 D_0，测微杆应在 0 mm 附近。

（6）松开二极片，将被测样品插入二极片之间，调节平板电容器测微杆顶端调节头，使二极片夹住样品，读取新的刻度值，记为 D_1，则样品的厚度 $D_2 = D_1 - D_0$。

（7）调节圆筒电容器，使其刻度置于 5.0 mm。

（8）保持测试频率不变（以电子板上的读数为准，可调节调频旋钮使频率不变），改变 Q 表调协电容，使之谐振，读得 Q 值（即 Q 表最大值）。

（9）先顺时针方向，后逆时针方向，调节圆筒电容器，读取当 Q 表指示为原来最大值一半时测微杆上的两个刻度值，并取这两个刻度差为 M_1。

（10）调节圆筒电容器，使 Q 表再次谐振（谐振时，Q 值应与前次谐振值一致），此时，圆筒电容器重新回到刻度 5.0 mm 处。

（11）取出平板电容器中的样品，这时 Q 表又失谐，调节平板电容器，使 Q 表再次谐振，读取测微杆刻度值，记为 D_3，其变化值为 $D_4 = D_3 - D_0$。

（12）重复步骤（9）操作，得到新的两个刻度值之差，记为 M_2，M_2 总是比 M_1 小。

（13）测试完毕，顺时针旋转调谐钮，使 Q 表主调协电容器重新置于最小电容处，关闭仪器电源。

【数据处理】

记录测试条件及计算。

试样名称：_____；试样尺寸：_____；

室温：_____；湿度：_____；

被测样品的介电系数：$\varepsilon = $ _____（$\varepsilon = D_2/D_4$）；

被测样品的介电损耗：$\tan\delta = $ _____（$\tan\delta = K(M_1 - M_2)/15.5$）；

K 为圆筒电容器的线形系数，$K = 0.32$ mm。

【思考题】

（1）介电损耗与介电系数的物理意义是什么？

（2）影响样品介电损耗的因素有什么？

（3）能否通过测定介电损耗来求出 T_g？

1.6　有机玻璃电阻的测量

【实验目的】

了解聚合物电阻与结构的关系，掌握用 PC68 型高阻计测定绝缘材料电阻的方法。

【实验原理】

材料的导电性是由于其内部存在传递电流的自由电荷,即载流子,在外加电场作用下,载流子做定向移动,形成电流。导电性优劣与材料所含载流子的数量、运动速率有关。常用电阻系数(电阻率)ρ 或电导系数(电导率)σ 表征材料的导电性,它们是一些宏观物理量,而载流子浓度和迁移率则是表征材料导电性的微观物理量。

大量的聚合物是作为绝缘材料使用的,但具有特殊结构的聚合物可能成为半导体、导体、超导体,决定聚合物导电性的因素有化学结构、分子量、凝聚态结构、杂质和环境(如温度、湿度等)等。

根据体内和表面导电性的不同,高分子材料的导电性分别采用体积电阻系数和表面电阻系数来表征。两种电阻系数需要根据实际测量的电阻值计算。

体积电阻 R_V 的测试方法是在厚度为 d 的平板状聚合物试样的两相对面上各放置截面积为 S 的电极一个,并施加直流电压,于是内部就有载流子按电场方向迁移,测量两电极间试样的体积电阻 R_V,则试样体积电阻系数为

$$\rho_v = R_V S/d (\Omega \cdot cm) \tag{1-24}$$

式中,R_V 为体积电阻,S 为测量电极的截面积,d 为试样的厚度。表面电阻率 ρ_s 表示聚合物长为 1 cm 和宽为 1 cm 的单位表面对电流的阻抗

$$\rho_s = R_s l/b (\Omega) \tag{1-25}$$

式中,R_s 为表面电阻,l 为平行电极的长度,b 为平行电极间距,电导率是电阻率的倒数。

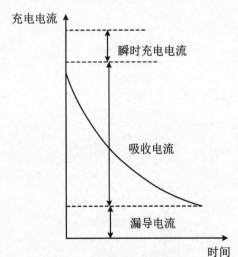

图 1-8 流经聚合物的电流

电阻率 ρ_s 是表征物体导电能力的宏观物理量。高分子是由许多原子以共价键连接起来的,分子中没有自由电子,也没有可流动的自由离子(除高分子电解质含有离子外),所以它是优良的绝缘材料,其导电能力很低。一般认为,聚合物的主要导电因素是由小杂质引起的,称为杂质电导。但也有特殊结构的聚合物呈现半导体的性质,如聚乙炔、聚乙烯基咔唑等。当聚合物被加载直流电压时,流经聚合物的电流最初随时间而衰减,最后趋于平稳。其中包括三种电流:瞬时充电电流、吸收电流和漏导电流(图 1-8)。

由于吸收电流的存在,在测定电阻(电流)时,要统一规定读取数值的时间。另外,在测定中,通过改变电场方向来反复测量并取平均值,以尽量消除因电场方向对吸收电流的影响而引起的误差。

【仪器和样品】

PC68 型数字高阻计、自制不同厚度的有机玻璃片。

【实验步骤】

1. 使用前的准备和检查

(1) 检查测试环境的温度和湿度是否在允许范围内,尤其是当环境湿度高于 80％时,测量较高的绝缘电阻($>10^{10}$ Ω)及微电流($<10^{-8}$ A)可能会导致较大的误差;

(2) 检查交流电源电压是否符合 220±22 V;

(3) 将数字高阻计接通电源,合上电源开关,显示屏有显示,如发现显示屏不显示,应立即切断电源,待查明原因后方可使用;

(4) 接通电源预热 5 min。

2. 测量电阻

(1) 将被测试样用测量电缆线接至 R 输入端钮和高压端钮;

(2) 按面板上的"R"键;

(3) 按面板上的"充电"键;

(4) 按面板上的"自动"键,根据测试电压的需要调节"▲"键或"▼"键;

(5) 按面板上的"测量"键,读取显示屏上显示的数据;

(6) 一个试样测试完毕,先按"放电"键,再按"复位"键,取出试样,电容量较大的试样($>0.01\,\mu\text{F}$)需经 1 min 左右的放电后,方能取出试样,否则,测试者将受到电容中残余电荷的电击;

(7) 按"复位"键,进入下一个试样的测试,具体操作步骤如前;

(8) 数字高阻计使用完毕后,应先切断电源,安放好所有接线,将数字高阻计放置于保管处。

注:在测试试样电阻时,若发现数据有不断上升的现象,这是由介质的吸收现象所致;若数据在很长时间内未能稳定,一般情况下是取其合上"测量键"后 1 min 时的读数作为试样的绝缘电阻值。在测量$>10^{10}$ Ω 的高值电阻时,要使用屏蔽箱,以保证测量数据的稳定性。

按照式(1-24)、式(1-25)计算 R_v、R_s,其中 $\rho_v = R_v S/h = \pi D_1^2 R_V/4h$($\Omega \cdot \text{cm}$),$D_1$ 为测量电极直径,本实验中的电极直径为 5 cm(表 1-3)。

【数据处理】

表 1-3　实验数据记录

试样名称	样品 1	样品 2	样品 3
室温			
湿度			
主电极直径 D_1(cm)			
保护环直径 D_2(cm)			
样品平均厚度 d(cm)			
R_V(Ω)			

续表

试样名称	样品 1	样品 2	样品 3
$\Delta R_V(\Omega)$			
$R_s(\Omega)$			
$\Delta R_s(\Omega)$			

【思考题】

（1）影响电阻测定的因素有哪些？

（2）高分子的分子结构和聚集态结构与材料的体积电阻率和表面电阻率之间有何关系？

实验 2　溶液聚合法制备聚丙烯酰胺及其应用

2.1　溶液聚合法制备聚丙烯酰胺

【实验目的】

掌握溶液聚合的原理和聚合过程，了解微波聚合制备高分子聚合物的加热原理及注意事项。

【实验原理】

单体溶于溶剂中进行的聚合反应叫作溶液聚合。溶液聚合反应生成的聚合物溶于溶剂称为均相聚合，反之称为沉淀聚合。沉淀聚合中，聚合物处于非良溶剂中，聚合物链卷曲，端基被包埋，聚合一开始就出现自动加速现象。随着转化率的提高，包埋程度加深，自动加速效应也随之增强，自由基只能单基终止，其聚合速率与引发剂浓度的一次方成正比。与沉淀聚合不同，均相聚合中的聚合物处于良溶剂环境中，聚合物链处于伸展状态，包埋程度浅，链段扩散容易，活性端基容易相互靠近，因而发生双基终止，聚合速率与引发剂浓度的 1/2 次方成正比。均相聚合中若单体浓度不高，则有可能消除自动加速效应，反应遵循正常的自由基聚合动力学规律。溶液聚合是研究聚合反应机理与聚合反应动力学常用的方法之一。本实验的聚合反应历程为

$$(NH_4)_4S_2O_8 \longrightarrow 4NH_4^+ + 2SO_4^{2-}$$

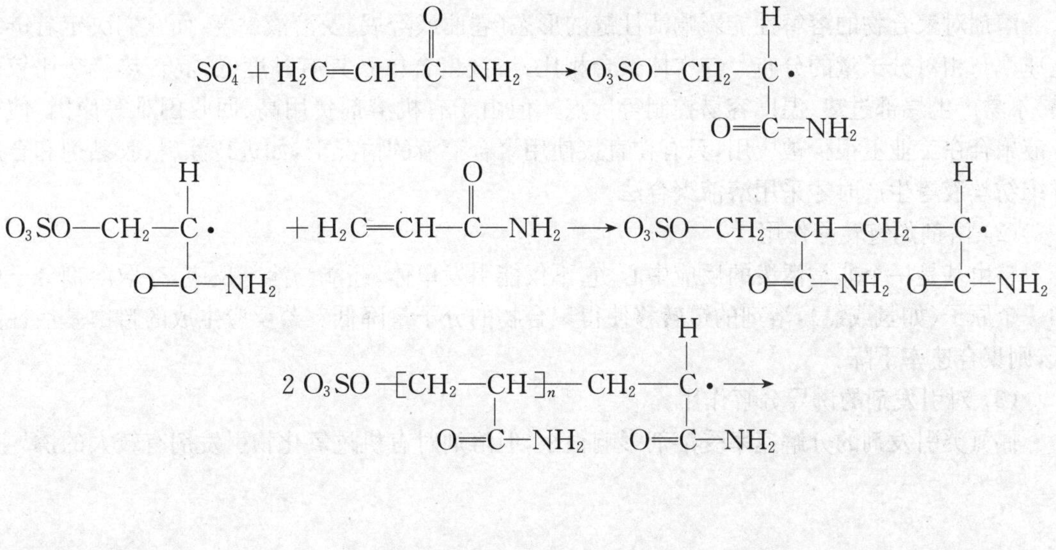

$$O_3SO-[CH_2-CH]_n-CH_2-CH-CH-CH_2-[CH-CH_2]_n-O_3SO$$

（结构式中含 C=O、NH₂ 取代基）

溶液聚合时,溶剂对聚合的各个方面都有不同程度的影响。溶剂可以影响引发剂的分解速率,也可以降低引发效率;在某些情况下溶剂的存在可以促进单体的自由基聚合过程,而在另外一些情况下则会使聚合缓慢进行;溶剂还可以影响聚合过程的分子构型,提高或降低聚合物的立构规整度。但是,在自由基聚合中溶剂最突出的影响体现于产物的分子量。高分子链自由基向溶剂分子的链转移可在不同程度上使产物的分子量降低。若以 C_S 表示溶剂的链转移常数,[S]表示溶剂的浓度,[M]表示单体的浓度,则溶剂对聚合物分子量的影响可以表示为

$$\frac{1}{\overline{DP}} = \frac{1}{\overline{DP_0}} + C_S \cdot \frac{[S]}{[M]} \tag{2-1}$$

式中,$\overline{DP_0}$ 为无溶剂存在时的平均聚合度,$\overline{DP}$ 为有溶剂存在时的平均聚合度。举一个例子:在某实验条件下乙酸乙烯酯本体聚合所得产物的聚合度 $\overline{DP_0}=1000$;若改本体聚合为溶液聚合,溶剂为甲醇,其链转移常数 $C_S=3.0\times10^{-4}$,并且甲醇与单体的浓度相等,则根据式(2-1)可得

$$\frac{1}{\overline{DP}} = \frac{1}{1000} + 3.0\times10^{-4} \tag{2-2}$$

$$\overline{DP} = 770$$

聚合度由无溶剂时的 1000 降到了在[甲醇]=[单体]的溶液聚合时的 770,可见溶剂链转移对聚合度有很大影响。

表 2-1 列出了甲醇在乙酸乙烯酯自由基聚合时不同聚合温度下的链转移常数值。

表 2-1　甲醇在不同聚合温度下的链转移常数

温度(℃)	50	60	70
$C\times10^4$	2.55	3.20	3.80

在为溶液聚合反应选择溶剂时应考虑以下几个问题。

(1) 对聚合物的溶解性能。

溶剂对聚合物的溶解性能影响活性链的形态(卷曲或舒展)及溶液黏度,而它们决定着链终止速率与相对分子量的分布。与本体聚合相比,溶液聚合体系具有黏度低、混合热传热比较容易、不易产生局部过热、温度容易控制等优点。但由于有机溶剂费用高、回收困难等原因,使得溶液聚合在工业上很少被应用,只有在直接使用聚合溶液的情况下,如进行涂料、胶黏剂和合成纤维纺丝液等生产时才采用溶液聚合法。

(2) 溶剂的链转移作用。

自由基是一个非常活泼的反应中心,它不仅能引发单体,还能与溶剂反应,夺取溶剂分子中的一个原子(如氢或氯),溶剂的链转移使得聚合物的分子量降低。若反应生成的自由基活性降低,则聚合速率下降。

(3) 对引发剂的诱导分解作用。

偶氮类引发剂的分解速率受溶剂影响很小,但溶剂对有机过氧化物引发剂有较大的诱导分

解作用。这种作用按"芳烃→烷烃→醇类→胺类"的顺序依次增大。诱导分解的结果使引发剂的引发效率降低。

与本体聚合相比,溶液聚合有易散热与易搅拌的优点。在某些场合,溶液聚合生成的高分子溶液还可以不经过分离直接投入使用。如在制备聚乙烯醇(PVA)时先将乙酸乙烯酯进行悬浮聚合,而后将珠状聚乙酸乙烯酯溶解在甲醇中,使聚合物水解。现在则是使乙酸乙烯酯在甲醇溶剂中进行溶液聚合,产物可直接进行下一步醇解反应。由此可见,溶液聚合有诸多优点。

本实验在微波辐射下进行以水为溶剂的丙烯酰胺的溶液聚合。丙烯酰胺溶于水,溶液聚合用水做溶剂,价廉、无毒、链转移常数小,对单体及聚合物的溶解性能都好,属于均相聚合。化学实验中的加热方法有多种。按物料的导热方式可以分为两类:一类是依靠物料表面将热介质逐层传入物料内部并使之升温,这称为表面热传导加热法,即常规加热法;另一类依靠微波透入物料内,微波与物料的极性分子间相互作用,使电磁能转化为热能,物料内的各个部分都能在同一瞬间获得热量而升温,这种微波作用下的加热方式称为微波加热法。物料吸收微波能是物料中的极性分子与微波电磁场相互作用的结果。在外加交变电磁场的作用下,物料内极性分子极化并随外加交变电磁场极性变更而交变取向。物料中的众多极性分子因频繁转向(10^8 次/s)而相互摩擦,使电磁能转化为热能。

微波加热的特征如下:

(1) 微波加热迅速。微波一照射,马上引起偶极性分子随微波频率运动,迅速使物料升温,普通的加热方式需几个小时,而微波加热只需几分钟。

(2) 节能。不需对加热介质进行预热,能量转化率高。

(3) 经济环保。没有加热介质。

不是所有的物料都可以使用微波加热,能反射和透射微波的物质不能用微波加热,如金属材料可以屏蔽微波,防止微波泄漏。

注意:微波加热水比较安全,加热有机溶剂时,一定要避免有机溶剂挥发到微波炉内,从而发生着火、爆炸等安全事故,要使用专用的微波化学反应器。

聚丙烯酰胺是一种优良的絮凝剂,水溶性好,被广泛应用于石油开采、选矿、化学工业和水处理等领域。

【试剂和仪器】

丙烯酰胺、乙醇、过硫酸铵、三口瓶、冷凝管、水浴锅、蒸气蒸馏装置、滴液漏斗、培养皿、微波反应器。

【实验步骤】

(1) 将 5 g 丙烯酰胺、50 mL 蒸馏水加入大烧杯中,搅拌溶解;将 0.03 g 过硫酸铵溶于 5 mL水中,再将其加入装有丙烯酰胺溶液的大烧杯中。

(2) 将大烧杯放入微波炉内,900 W 下反应 1~2 min,反应完毕后,迅速将 200 mL 乙醇倒入聚丙烯酰胺溶液中,边倒边搅拌,使聚丙烯酰胺沉淀,静置。

(3) 用布氏漏斗抽滤,自然晾干后在 30 ℃ 干燥箱中干燥至恒重,计算产率。

【注意事项】

微波加热时间不能过长,将乙醇倒入反应混合物中,迅速搅拌至分散状沉淀物生成。

【思考题】

(1) 溶液聚合中选择溶剂应考虑哪些问题?

(2) 溶液聚合有什么优缺点?

(3) 微波加热的原理? 微波加热时应注意什么?

2.2　聚丙烯酰胺在污水处理中的应用

【实验目的】

观察絮凝剂(即混凝剂与助凝剂)净化水的现象,了解絮凝剂在污水处理中的作用机理和使用性质,并掌握一种寻找絮凝剂最适宜质量浓度的方法。

【实验原理】

水的净化可使用各种絮凝剂。在絮凝剂中,能使水中泥沙聚沉的物质叫作混凝剂。常用的混凝剂主要有无机阳离子型聚合物,如羟基铝、羟基锆等,这些无机阳离子型聚合物可在水中解离,给出多核羟桥络离子,中和固体悬浮物表面的负电性。此外,也可用三氯化铁、三氯化铝和氧氯化锆等化学剂通过水解、络合、羟桥作用,形成多核羟桥络离子,从而起到与羟基铝、羟基锆同样的作用。混凝剂并非用得越多越好。混凝剂的使用浓度过高,会使泥沙表面吸附过量的铁离子而带正电,致使铁的多核羟桥络离子对它失去聚沉作用。因此,混凝剂的使用应有一个最适宜的质量浓度。配合混凝剂使用,使其净化效果提高、用量减少的物质叫作助凝剂。助凝剂多是水溶性高分子。高分子的分子(或其缔合分子)可将被混凝剂聚结起来的泥沙颗粒进一步聚结,从而加快泥沙颗粒的聚沉速率。常用的助凝剂有部分水解聚丙烯酰胺、羧甲基纤维素钠和海藻酸钠等。同样,助凝剂也并非用得越多越好,助凝剂一旦超过一定质量浓度,就可在水中形成网状结构,反而妨碍了泥沙颗粒的聚沉。因此,助凝剂的使用也有一个最适宜的浓度。

【试剂和仪器】

三氯化铁(化学纯)、自制聚丙烯酰胺、污水(每升水中加入 60 g 高岭土,高速搅拌 20 min后,在室温下密闭养护 24 h)、分析天平、具塞比色管、滴管、烧杯、量筒、温度计等。

【实验步骤】

实验过程中用目视比色法观察絮凝剂的净水现象和作用效果,以表格形式记录实验现象和实验数据。

配置4%的氯化铁溶液、不同浓度的PAM溶液备用。

（1）单独使用混凝剂氯化铁溶液，1-6♯比色管中分别加入200 mL自制污水，按照表2-2中氯化铁溶液的滴数加入到相应的比色管中，盖紧比色管塞子，上下翻转5次，转速以每次翻转时气泡上升完毕为准，观察比色管中污水的絮凝情况，记录实验现象，出现大絮团时氯化铁的用量为最小投加量。

（2）单独使用助凝剂，测定最小投加量，方法如上。

（3）助凝剂配合混凝剂使用，测定最小投加量，方法同上。

【数据处理】

计算净化污水所用混凝剂和助凝剂的最适宜质量浓度（用mg/L表示）（表2-2）。

表2-2 絮凝剂应用在污水处理中的原始数据记录表

试管编号		1♯	2♯	3♯	4♯	5♯	6♯
混凝剂的净水作用	4% $FeCl_3$	1d	2d	4d	8d	16d	32d
	观察并记录实验现象						
助凝剂的净水作用	不同浓度PAM	5×10^{-5} 1d	5×10^{-5} 2d	5×10^{-4} 4d	5×10^{-4} 8d	1×10^{-2} 16d	1×10^{-2} 32d
	观察并记录实验现象						
助凝剂配合混凝剂使用	4% $FeCl_3$	1d	2d	4d	8d	16	32d
	5×10^{-4}PAM	1d	1d	1d	1d	1d	1d
	观察并记录实验现象						
备注		本表中，d代表"滴"，每滴4% $FeCl_3$的质量为0.06 g，每滴5×10^{-5}PAM、5×10^{-4}PAM、1×10^{-2}PAM的质量分别为0.06 g、0.07 g、0.08 g。						

实验结论：

单独使用混凝剂$FeCl_3$溶液时，最适宜的质量浓度_____；

单独使用助凝剂PAM溶液时，最适宜的质量浓度_____；

使用混凝剂$FeCl_3$溶液和助凝剂PAM溶液时，最适宜的$FeCl_3$质量浓度_____。

【思考题】

（1）混凝剂和助凝剂的作用机理是什么？

（2）为什么混凝剂和助凝剂都有最适宜的使用浓度？

实验 3　悬浮聚合法制备聚苯乙烯
及其物理参数测定

3.1　悬浮聚合法制备聚苯乙烯

【实验目的】

学习悬浮聚合原理和实验技术；通过苯乙烯单体的悬浮实验，了解自由基悬浮聚合的方法和配方中各组分的作用。

【实验原理】

苯乙烯是一种比较活泼的单体，容易进行聚合反应。在引发剂或热的作用下，苯乙烯可通过自由基的连锁反应生成聚合物，所以在储存过程中，常常加入阻聚剂以防止其自聚。苯乙烯的自由基不太活泼，因此聚合过程中的副反应较少，不易发生链转移反应，其支链较少。苯乙烯单体是其聚合物的良溶剂，所以聚合过程中的凝胶化现象并不显著。

悬浮聚合是依靠激烈的机械搅拌和悬浮剂的作用使含有引发剂的单体分散到与单体互不相溶的介质中实现的。由于大多数烯类单体只微溶于水或几乎不溶于水，悬浮聚合通常都以水为介质。在进行水溶性单体如丙烯酰胺的悬浮聚合时，应当以憎水性的有机溶剂（如烷烃等）作为分散介质，这种悬浮聚合过程称为反相悬浮聚合。聚苯乙烯（PS）微球制备的反应历程为

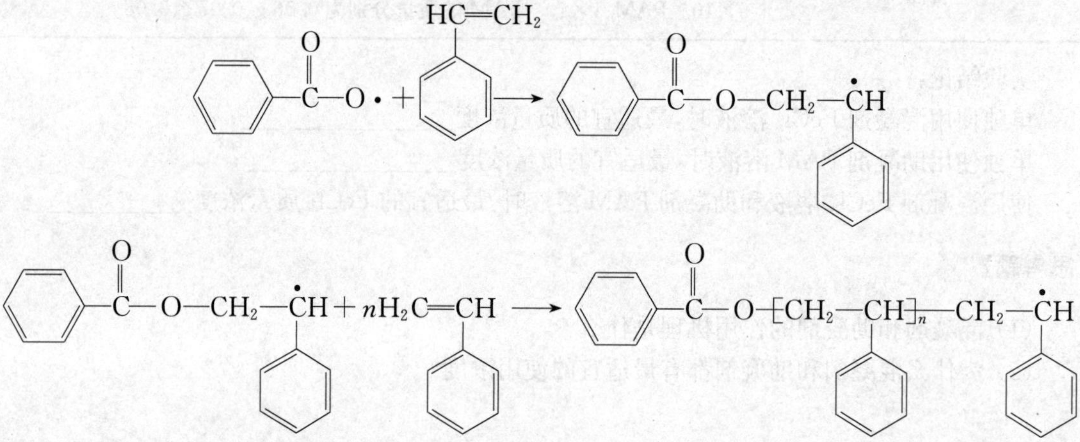

在悬浮聚合中,单体以小油珠的形式分散在介质中。每个小油珠都是一个微型聚合场所,油珠周围的介质连续相则是这些微型反应器的传热导体。因此,尽管每个油珠中单体的聚合与本体聚合无异,但整个聚合体系的温度控制还是比较容易的。悬浮体系中的主要组分有四种:单体、分散介质、悬浮剂、引发剂。

(1) 单体:常用于悬浮聚合的单体包括苯乙烯、乙酸乙烯酯、甲基丙烯酸甲酯(MMA)等。

(2) 分散介质:分散介质多为水,作为热传导介质。

(3) 悬浮剂:调节体系的表面张力、黏度、避免单体液滴在水中黏结。常用的水溶性高分子悬浮剂有明胶、淀粉、聚乙烯醇(PVA)等;难溶性无机物悬浮剂有硫酸钡、碳酸钙、磷酸钙、滑石粉等;可溶性电介质悬浮剂有氯化钠、氯化钾、硫酸钠等。

(4) 引发剂:主要为油溶性引发剂,如过氧化苯甲酰(BPO)、偶氮二异丁腈等。

悬浮体系是不稳定的。尽管加入悬浮稳定剂可以帮助稳定单体颗粒在介质中分散,但稳定的高速搅拌与悬浮聚合的成功关系极大。搅拌速率还决定着产品聚合物颗粒的大小,一般说来,搅拌速率越高则产品颗粒越细。产品的最终用途决定着搅拌速率的大小,因为用于不同场合的树脂颗粒应当有不同的颗粒度。悬浮聚合体系中的单体颗粒存在着相互结合形成较大颗粒的倾向,特别是随着单体向聚合物转化,颗粒的黏度增大,颗粒间的粘连便越容易。解决这个问题对大规模工业生产具有决定性意义,因为分散颗粒的粘连结块不仅可以导致散热困难和爆聚,还可能因使管道堵塞而造成反应体系的高压力。只有当分散颗粒中单体转化率足够高、颗粒硬度足够大时,粘连结块的风险才会消失。因此,悬浮聚合条件的选择和控制是十分重要的。

【试剂和仪器】

PVA、苯乙烯、BPO、亚甲基蓝、磷酸钙粉末、甲醇、三口瓶、冷凝管、水浴锅、搅拌器等。

【实验步骤】

(1) 在装有搅拌器和回流冷凝管的三口瓶内,加入 10 mL 0.1%PVA 溶液、60 mL 去离子水,搅拌。

(2) 水浴加热升温至 65~70 ℃时,三口瓶中加入溶有引发剂 BPO 0.125 g 的苯乙烯单体 15 mL,调节搅拌速率使单体均匀分散成大小适度的液珠,缓慢升高水浴温度至 85~90 ℃,恒温 2 h(此间一定要很好地控制稳定的搅拌速率,使珠粒稳定均匀,切不可忽快忽慢,防止珠粒相互黏结变形)。

(3) 随后升温至 90 ℃,恒温 30 min,反应即可结束。将反应物全部倒入 500 mL 烧杯中,静置片刻,待珠粒沉下后,倒掉上层水液。用 70～80 ℃自来水洗涤数次,过滤、干燥备用。计算产率及粒径分布。

【注意事项】

实验过程中应注意观察,控制搅拌速率,防止聚合物在聚合中结块凝结。

【思考题】

(1) 为什么要加入水相阻聚剂?
(2) 悬浮聚合的优缺点有哪些?
(3) 影响产品粒径大小的因素有哪些?

3.2　聚苯乙烯溶度参数的测定

【实验目的】

学习用浊点滴定法测定聚合物的溶度参数的方法,了解溶度参数的基本概念、实用意义和聚合物在溶剂中的溶解情况。

【实验原理】

聚合物的溶度参数是表示物质混合能与相互溶解关系的参数,与物质的内聚能有关。对于小分子来说,内聚能就是汽化能,可通过实验测出摩尔汽化热并用来表示其摩尔内聚能,从而得出其溶度参数。因聚合物不能挥发,也不存在气态,故其溶度参数不能由汽化热直接测得。测定聚合物溶度参数的实验方法有黏度法、交联后的溶胀平衡法、反相色谱法和浊点滴定法等,也可通过组成聚合物基本单元的化学基团的摩尔吸引常数来进行估算。确定某一聚合物的溶度参数对于聚合物的选择具有重要意义。

溶度参数用来表示物体混合能与相互溶解的关系。根据溶度参数的定义,溶度参数应为内聚能密度的平方根,即

$$\delta = (\Delta E/V)^{1/2} \tag{3-1}$$

浊点滴定法是指在两元互溶体系中,如果聚合物的溶度参数 δ_p 在两个互溶的溶剂 δ_s 值的范围内,那么就可调节这两个互溶混合溶剂的溶度参数 δ_{sm},使 δ_{sm} 与 δ_p 相接近。只要把两个互溶的溶剂按照一定的百分比配成混合溶剂,该混合溶剂的溶度参数 δ_{sm} 就可以近似地表示为

$$\delta_{sm} = \varphi_1\delta_1 + \varphi_2\delta_2 \tag{3-2}$$

式中,φ_1 和 φ_2 分别为混合溶剂中组分 1 和组分 2 的体积分数。

将待测聚合物溶于某一溶剂中,然后用沉淀剂滴定,该沉淀与溶剂互溶。滴至溶液开始出现混浊时,即可得到混浊点的混合溶剂的溶度参数 δ_{sm} 值。聚合物溶于两元互溶溶剂的体系中,体系的溶度参数应有一个范围,本实验选用两种不同溶度参数的沉淀剂滴定聚合物溶液,这样可得到溶解该聚合物混合溶剂的溶度参数的上限和下限,取其平均值,可得聚合物的溶度参数 δ_p 值

$$\delta_p = \frac{\delta_{mh} + \delta_{ml}}{2} \tag{3-3}$$

式(3-3)中,δ_{mh} 为高溶度参数的沉淀剂滴定聚合物溶液在混浊点时混合溶剂的溶度参数,δ_{ml} 为低溶度参数的沉淀剂滴定聚合物溶液在混浊点时混合溶剂的溶度参数。

【试剂和仪器】

三氯甲烷、正戊烷、甲醇、聚苯乙烯、滴定管、大试管、移液管、容量瓶、烧杯。

【实验步骤】

(1) 称取 0.2 g 聚苯乙烯并溶于 25 mL 选定的溶剂中。先用三氯甲烷作为溶剂,用移液管取 5 mL 溶液放入一试管中,用正戊烷滴定,滴定时要轻轻晃动试管,至沉淀不消失时为滴定终点。记下滴定用去的正戊烷体积。然后再用甲醇沉淀剂滴定聚合物溶液,直至沉淀不再消失时为止,记下消耗的甲醇体积。

(2) 分别将 0.1 g、0.05 g 聚苯乙烯溶于 25 mL 溶剂中,按实验步骤(1)操作顺序进行滴定。

【数据处理】

(1) 计算混合溶剂的溶度参数 δ_{mh} 和 δ_{ml}。
(2) 计算聚合物的溶度参数 δ_p。
(3) 将计算结果记入表 3-1 中。

表 3-1　聚苯乙烯溶度参数测定的实验数据记录

溶液浓度 (g/mL)	正戊烷 (mL)	甲醇 (mL)	δ_{mh}	δ_{ml}	δ_p

【思考题】

(1) 将求得的聚苯乙烯的溶度参数值同文献值对照比较有无偏差,并查找原因。
(2) 用浊点滴定法测定聚合物溶度参数时,根据什么原则选择溶剂和沉淀剂? 溶剂与聚合物的溶度参数相近能否保证两者相溶,为什么?

3.3　膨胀计法测定聚苯乙烯的玻璃化温度

【实验目的】

掌握膨胀计法测定聚合物玻璃化温度的方法和原理，了解升温速率对玻璃化温度的影响，深入理解自由体积概念在高分子科学中的重要性。

【实验原理】

聚合物的玻璃化转变既是非晶态聚合物从玻璃态到高弹态的转变，也是高分子链段开始自由运动的转变。在发生转变时，与高分子链段运动有关的多种物理量（如比热、比容、介电常数、折光率等）都将发生急剧变化。显而易见，玻璃化温度是聚合物非常重要的指标，测定聚合物玻璃化温度具有重要的意义。目前测定聚合物玻璃化温度主要有扭摆、扭辫、振簧、声波传播、介电松弛、核磁共振和膨胀计等方法。本实验是利用膨胀计法测定聚苯乙烯的玻璃化温度，即利用聚合物的比容-温度曲线上的转折点来确定聚合物的玻璃化温度（T_g）。

无定形高聚物从硬脆的玻璃态转变为柔软的高弹态（或反之）称为玻璃化转变，实现这一转变的温度称为玻璃化温度 T_g，这种转变的本质是分子运动状态的改变。在 T_g 以下，分子的内旋转被冻结，没有构象转变，链段的蠕动停止（但仍有扰动）；在 T_g 以上，分子链的内旋转产生链段运动。T_g 是分子链的链段开始出现较大规模运动的温度，如涉及主链上 50～100 个碳原子的链段运动。

高聚物的玻璃化转变反映在许多物理性质的改变上，如热膨胀系数、比热、折射率、介电系数、介电损耗、应力松弛、动态力学性质等。因此，测定 T_g 的方法很多，但是加热速率、作用频率和样品的热历史对测量结果都有影响，不同的方法或不同的测试条件往往会得到不同的结果。

测定 T_g 的方法大致可分为两大类：

（1）静态法：膨胀计法、热分析法（DTA 或 DSC）、折射率法、β 射线吸收法等；

（2）动态法：动态力学性能测试、蠕变和应力松弛、应力双折射、介电方法、红外光谱法（振动能级）、核磁共振法等。

聚合物的比容是一个和高分子链段运动有关的物理量，在玻璃化转变温度范围内有不连续的变化，即利用膨胀计测定聚合物的体积温度变化时，在 T_g 处有一个转折，如图 3-1 所示。

因为玻璃化转变并不是热力学平衡过程，而是一个松弛过程，所以 T_g 的大小和测试条件有关。图 3-2 表明，在降温测量中，降温速率加快，T_g 向高温方向移动。

除了外界条件以外，T_g 值还受聚合物本身化学结构及其他结构因素（如共聚、交联、增塑和分子量等）影响。

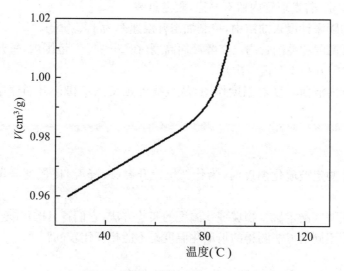

图 3-1　聚苯乙烯的比容-温度曲线

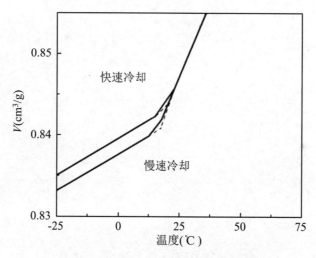

图 3-2　聚乙酸乙烯酯的比容-温度曲线

【试剂和仪器】

　　颗粒状聚苯乙烯、乙二醇、甘油、膨胀计、温度计、油浴锅等。

【实验步骤】

　　(1) 洗净膨胀计,烘干。装入聚苯乙烯颗粒至膨胀管体积的 2/3。

　　(2) 膨胀管内加入乙二醇作为介质,用玻璃棒搅动(或抽气)使膨胀管内无气泡。

　　(3) 注入乙二醇至膨胀管口,插入毛细管,使乙二醇液面在毛细管下部(刻度<2 cm 为宜),

磨口接头用弹簧固定,若发现管内留有气泡,则需重装。

（4）将装好的膨胀计浸入油浴中,控制油浴升温速率为 1 ℃/min。

（5）读取油浴温度和毛细管内乙二醇液面高度(在 25～45 ℃范围内,每升高 5 ℃读一次;在 45～90 ℃范围内,每升高 1 ℃读一次)。

（6）以毛细管内液面高度对温度作图,从直线外延交点求得该升温速率下的聚苯乙烯的 T_g 值。

【思考题】

（1）用膨胀计测定玻璃化温度时,为什么快速升温(或降温)比慢速升温(或降温)测得的 T_g 高?

（2）你还知道哪些测定聚合物玻璃化温度的实验方法,它们各自的优缺点有哪些?

（3）为什么用不同的方法测得的玻璃化温度是不能相互比较的?

实验4 乳液法制备聚乙酸乙烯酯及其应用

4.1 聚乙酸乙烯酯的制备

【实验目的】

了解乳液聚合的机理及乳液聚合中各个组分的作用;学习典型的乳液聚合的实验过程。

【实验原理】

乳液聚合是以水为分散介质,单体在乳化剂作用下分散,由水溶性的引发剂引发的聚合。乳液聚合体系的主要成分为分散介质、乳化剂、单体以及引发剂。油溶性单体用水作为分散介质,水溶性单体用不溶于水的有机溶剂作为分散介质,这称作反相乳液聚合。一般乳液聚合各组分的配比(W/W)为 $30\%\sim50\%$ 的单体、$45\%\sim60\%$ 的水、$1\%\sim3\%$ 的表面活性剂、0.5% 左右的引发剂。本实验中的聚合反应历程为

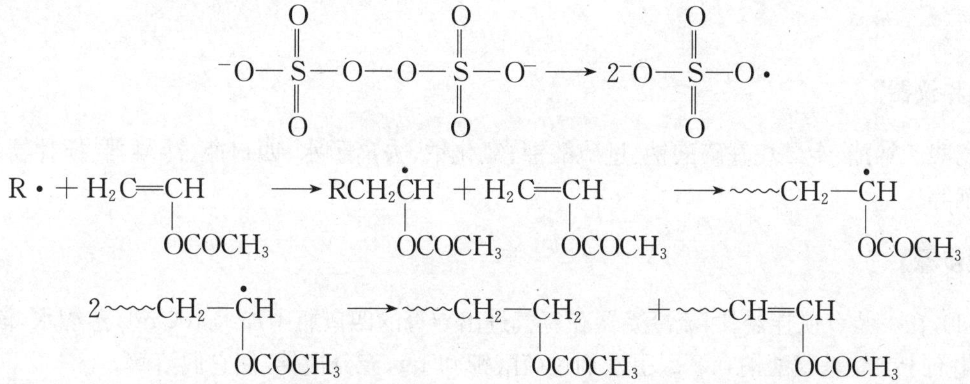

乳液聚合中乳化剂的选择对乳液聚合的稳定十分重要,常见的乳化剂分为阴离子型、阳离子型和非离子型三种。常用的乳化剂有十二烷基磺酸钠、十二烷基硫酸钠等。乳化剂的作用为降低液面的表面张力,使单体容易分散成小液滴,并在乳胶粒表面形成保护层,防止乳胶粒凝聚。向水中加入乳化剂时,乳化剂是以单分子的形式溶于水中,当乳化剂达到临界胶束浓度(CMC)时,大部分乳化剂分子聚集成胶束。每个乳化剂分子的憎水部分指向胶束中心,直径为 $5\sim10$ nm,浓度为 $10^{19}\sim10^{21}$ 个/L。不溶于水的油溶性单体的一部分进入乳化剂胶束内,形成增溶单体胶束,大部分单体形成单体液滴,其表面包围着乳化剂分子,故十分稳定。单体液滴的直径为 $1\sim10~\mu m$,浓度为 $10^{12}\sim10^{14}$ 个/L。乳液聚合中,自由基产生于水相。初级自由基可在

水相中引发溶解在水中的少数单体分子聚合,并经过扩散过程进入胶束或单体颗粒,从而引发胶束或单体颗粒内的单体分子聚合。由于体系中胶束的数目比单体颗粒的数目大很多,水相的自由基通过扩散运动进入胶束的机会要比进入单体颗粒的机会大很多。可以想象,乳液聚合的主要场所应当是含有单体分子的胶束,而在单体颗粒内的聚合则很少。单体颗粒主要起着单体贮存库的作用,单体分子不断地从单体颗粒中扩散出去,通过介质进入正在发生聚合的胶乳颗粒中以补充颗粒内的单体(原先含有单体分子的胶束,即单体增溶胶束,在单体开始转变为聚合物时,便已转变为胶乳颗粒或单体增溶的聚合物颗粒)。实验发现,单体向胶乳颗粒中扩散的过程通常很快,因而不会影响胶乳颗粒中单体的浓度和聚合速率,只有在单体颗粒完全消失之后,乳胶颗粒中的单体浓度才会因得不到外界补偿而逐渐降低。在一个乳胶颗粒中,在进去第一个自由基时发生增长反应,在进去第二个自由基时发生双基终止反应。

乳液聚合的重要特征是提高聚合反应温度能使聚合反应速率提高,同时也能提高聚合度,而其他聚合方法(如提高聚合反应温度或增加引发剂用量)能使聚合反应速率提高,但必然使聚合度下降。乳液聚合过程中增加乳化剂的浓度也能同时提高聚合速率和相对分子质量。

乳液聚合过程中,常常因聚合物乳液局部胶体稳定性丧失而引起乳胶颗粒聚结,形成宏观和微观尺寸上的凝聚物,即产生凝胶现象。凝胶现象的产生原因是乳胶颗粒的布朗运动引发的碰撞聚结和搅拌时产生的剪切力诱导聚结。乳液聚合适用于涂料、胶黏剂等的制备。为了获得固体聚合物,可向乳液中加入电解质。电解质的电荷越大,凝聚作用越大,如 Na^+ 、Mg^{2+} 、Al^{3+} 的相对凝聚效率分别是 1、64、729。乳液聚合体系十分复杂,至今还没有一个可以圆满地解释全部乳液聚合实验结果的理论。但是,由于它的优点突出(如聚合热容易控制,产物胶乳可直接使用,聚合速率与增加分子量间的不矛盾性等),乳液聚合在高分子科学和工业上占有十分重要的地位。

【试剂和仪器】

乙酸乙烯酯、十二烷基磺酸钠、过硫酸钾、氯化钠、去离子水、四口瓶、冷凝器、搅拌器、恒温水浴锅等。

【实验步骤】

(1) 在一装有搅拌器、回流冷凝器和氮气进出导管的四口瓶中加入 100 mL 蒸馏水,依次加入乳化剂十二烷基磺酸钠 0.2 g,引发剂过硫酸钾 0.1 g,充分搅拌,使它们溶解。

(2) 量取 20 g 精制过的乙酸乙烯酯置于四口瓶中,继续搅拌。水浴升温 70 ℃,保温 1 h,停止加热,冷却至室温。

(3) 向反应液中加入 400 mL 饱和食盐水中破乳,边倒边搅拌,使沉淀析出。

(4) 布氏漏斗过滤,蒸馏水洗涤沉淀,放置表面皿上,50 ℃真空干燥,称量并计算产率。

【注意事项】

破乳剂 NaCl 水溶液也可用 $Al_2(SO_4)_3$ 水溶液代替,$Al_2(SO_4)_3$ 溶液的浓度可取 2.5% 左右。

【思考题】

(1) 为了提高乳液稳定性可以采取哪些措施?

(2) 与其他聚合方法相比,乳液聚合的特点是什么? 有什么优缺点?

(3) 乳液聚合中如何控制胶乳颗粒的大小和数目?

4.2　聚乙烯醇的制备及醇解度的测定

【实验目的】

了解聚乙酸乙烯酯(PVA_C)醇解反应的原理、特点、实施方法和影响因素。

【实验原理】

因为"乙烯醇"易异构化为乙醛,所以不能通过理论单体"乙烯醇"的聚合来制备聚乙烯醇(PVA),只能通过 PVA_C 的醇解或水解反应来进行制备,且醇解法制成的 PVA 精制容易、纯度较高、主产物的性能较好,因此工业上通常采用醇解法。PVA_C 的醇解可以在酸性或碱性条件下进行。酸性条件下的醇解反应因为痕量酸很难从 PVA 中除去,而残留的酸会加速 PVA 的脱水作用,使产物变黄或不溶于水,所以目前多采用碱性醇解法制备 PVA。碱性条件下的醇解反应又有湿法和干法之分,为了尽量避免副反应,且又不使反应速率过慢,本实验中没有采用严格的干法,只是将物料的含水量控制在 5% 以下。PVA_C 的醇解反应机理类似于低分子的醇-酯交换反应。本实验采用甲醇为醇解剂、氢氧化钠为催化剂,醇解条件较工业上温和,产物中有副产物乙酸钠。

湿法醇解中,氢氧化钠是以水溶液的形式(约 350 g/L)加入的,反应体系的含水量在 1%～2%。该法的特点是醇解反应速率快,设备生产能力大,但副反应较多,碱催化剂耗量也较多,醇解残液的回收比较复杂。

干法醇解中,碱以甲醇溶液的形式加入,反应体系的含水量控制在 0.1%～0.3%。该方法的最大特点是副反应少,醇解残液的回收比较简单,但反应速率较慢,物料在醇解机中停留时间较长。

$$\underset{|}{\underset{OCOCH_3}{+CH_2—CH+_n}} + nCH_3OH \xrightarrow{1} \underset{|}{\underset{OH}{+CH_2—CH+_n}} + nCH_3COOCH_3$$

$$CH_3COOCH_3 + NaOH \xrightarrow{2} CH_3COONa + CH_3OH$$

$$\underset{|}{\underset{OCOCH_3}{+CH_2—CH+_n}} + nNaOH \xrightarrow{3} \underset{|}{\underset{OH}{+CH_2—CH+_n}} + nCH_3COONa$$

在上述化学反应式中,在主反应 1 中的 NaOH 仅起助催化剂作用。副反应 2、3 的反应速率随反应体系的含水量的增加而增大,副反应速率增大,消耗大量的 NaOH,从而降低了对主反应的助催化作用,使醇解反应进行不完全。因此,为了尽量避免这种副反应,对物料的含水量应有严格的要求,一般控制在 5% 以下。PVAc 的脱醋酸的反应速率与聚合度几乎无关,只随反应的进行而变化。

【试剂和仪器】

PVAc(自制)、甲醇、NaOH、三口瓶、搅拌器、温度计、水浴锅等。

【实验步骤】

(1) 称量自制 PVAc 树脂 3 g 放入盛有冷凝管、搅拌器的三口瓶中,加入 30 mL 甲醇,搅拌,加热,温度控制在 40 ℃,待树脂全部溶解后,冷却至 35 ℃,用滴管逐滴加入 2 mL 事先配好的 NaOH-CH$_3$OH 溶液(称取 0.08 g NaOH 并置于小烧杯中,加入 5 mL CH$_3$OH,使其完全溶解)。

(2) 滴加完毕,加速搅拌,注意观察,当体系出现冻胶时,急剧搅拌 0.5 h,在冻胶打碎后,再加入余下的 NaOH-CH$_3$OH 溶液。水浴温度控制在 35 ℃,继续反应 1~1.5 h,反应结束。产物用布氏漏斗抽滤,乙醇洗涤三次,抽干,50 ℃真空干燥至恒重,计算产率。

【注意事项】

(1) 溶解 PVAc 时,要先加甲醇,在搅拌过程中慢慢将 PVAc 碎片加入,不然会黏成团,影响溶解。

(2) 搅拌的好坏是本实验成败的关键。PVA 和 PVAc 的性质不同,PVA 不溶于 CH$_3$OH 中,随着醇解反应的进行,PVAc 大分子上的乙酰基逐渐被羟基取代,当达到一定醇解度(60%)时,体系由均相转为非均相,外观会发生突变,出现一团胶冻。此时必须加强搅拌,以把胶冻打碎,从而使醇解反应进行完全,否则胶冻内包住的 PVAc 难以醇解完全,从而导致实验失败,所以搅拌器要安装牢固。在实验中要注意观察现象,在胶冻出现后,要及时提高搅拌器转速。

【数据处理】

醇解度的测定:参见附录的 4.4 小节。

【思考题】

(1) 如果 PVAc 干燥得不够,仍含有未反应的单体和水,试分析在醇解过程中会产生什么影响?

(2) PVA 制备中影响醇解度的因素主要有哪些?

实验 5　缩聚法制备胶水、脲醛树脂、聚酰胺及环氧树脂

5.1　聚乙烯醇缩甲醛的制备及缩醛度的测定

【实验目的】

　　了解聚合物中官能团反应的知识；掌握聚乙烯醇缩甲醛(PVF)合成方法及反应特点。

【实验原理】

　　早在 1931 年，人们就已经研制出聚乙烯醇(PVA)纤维，但 PVA 的水溶性大，无法使用。现在，人们通过缩醛化来减少其水溶性，从而制备出 PVF。PVF 随缩醛化程度不同，其性质和用途也有所不同。控制缩醛化程度在 35％左右，就得到维纶纤维，其强度是棉花的 1.5～2.0 倍，吸湿性 5％，接近天然纤维，被称为"合成棉"。控制缩醛化程度较低时可得到胶水，其为无色透明溶液，易溶于水。PVA 在酸性条件下与甲醛反应生成的聚合物为聚乙烯醇缩甲醛胶，与 PVA 溶液相比，其具有黏合力强、黏度大、耐水性强、成本低廉等优点，曾经被广泛用作为多种壁纸、纤维墙布、瓷砖、内墙涂料及多种腻子胶的胶黏剂，是我国合成胶黏剂的重要品种之一。但该胶黏剂因游离甲醛含量过高，刺激人的眼睛及呼吸系统，危害人体健康，故在发达国家早已禁用。然而，以 107 胶为主体制得的外墙涂料因黏附力强、遮盖力强、硬度高、耐光性和耐水性良好、成本低廉而得到广泛应用。

　　PVF 是由 PVA 在酸性条件下与甲醛作用形成的，其反应式为

$$CH_2O + H^+ \Longrightarrow \overset{+}{C}H_2OH$$

$$\begin{array}{c} \text{—[} CH_2-CH-CH_2-CH-CH_2 \text{]}_n + \overset{+}{C}H_2OH \xrightarrow[\text{极慢}]{\text{缓慢}} \text{—[} CH_2-CH-CH_2-CH-CH_2 \text{]}_n + H_2O \\ \quad\quad\quad OH \quad\quad\quad OH \quad\quad\quad\quad\quad\quad\quad\quad\quad\quad\quad\quad \overset{+}{O}CH_2 \quad\quad\quad OH \end{array}$$

$$\begin{array}{c} \text{—[} CH_2-CH-CH_2-CH-CH_2 \text{]}_n \xrightarrow[\text{极慢}]{\text{缓慢}} \text{—[} CH_2-CH-CH_2-CH-CH_2 \text{]}_n + H^+ \\ \quad\quad \overset{+}{O}CH_2 \quad\quad OH \quad\quad\quad\quad\quad\quad\quad\quad\quad O-CH_2-O \end{array}$$

　　因为概率效应，PVA 中邻近羟基成环后，中间往往会夹着一些无法成环的孤立的羟基，所以缩醛化反应不完全。为了定量表示缩醛化的程度，人们定义已缩合的羟基量占原始羟基量的百分数为缩醛度。

因为 PVA 溶于水,而反应产物 PVF 不溶于水,所以随着反应的进行,最初的均相体系将逐渐变成非均相体系。本实验为合成水溶性建筑胶水 PVF,实验中要控制适宜的缩醛度,使体系保持均相。若反应过于猛烈,则会造成局部高缩醛度,从而导致不溶性物质存在于胶水中,影响胶水的质量。因此,在反应过程中,要严格控制催化剂用量、反应温度、反应时间和反应物比例等条件。

【试剂和仪器】

PVA(自制)、甲醛、盐酸溶液、95％乙醇、三口瓶、搅拌器、温度计、冷凝管、移液管、水浴锅等。

【实验步骤】

(1) 装有搅拌器、冷凝管和温度计的 250 mL 三口瓶中加入 PVA 7 g、去离子水 50 mL,升温到 95 ℃,待 PVA 完全溶解,降温至 85 ℃。

(2) 滴加 3 mL 甲醛搅拌 15 min,再滴加 0.5 mL 浓度为 2.5 mol/L 的盐酸溶液(控制盐酸的滴加速率),调节反应体系 pH 至 1～3,保持反应温度在 90 ℃左右,随着反应的进行,体系逐渐变稠。

(3) 当体系中出现气泡或絮状物时,立即加入 1.5 mL 8％的 NaOH 溶液,调节 pH 至 8～9,冷却,出料,所获得的无色溶液即为建筑胶水。

【数据处理】

缩醛度的测定:参见附录 4。

【注意事项】

PVA 与甲醛在酸性条件下的反应容易发生凝胶化,应事先准备好氢氧化钠溶液,当黏度较大时立即加碱液终止反应。

【思考题】

(1) 为什么缩醛度增加,水溶性会下降?
(2) 缩醛化反应程度能否达到 100％,为什么?

5.2　脲醛树脂的制备

【实验目的】

深入理解加成缩聚的反应机理;了解脲醛树脂的合成方法和一般层压板的加工工艺。

【实验原理】

脲醛树脂又称脲醛甲醛树脂(UF),是由尿素与甲醛在酸或碱的催化下缩聚得到的线性脲醛低缩聚物。产物的结构比较复杂,受尿素与甲醛的摩尔比、反应体系的 pH、反应温度、时间等条件直接影响。例如,在酸性条件下发生反应时,产物是不溶于水和有机溶剂的聚次甲基脲;在碱性条件下发生反应时,生成水溶性的一羟甲基脲或二羟甲基脲等。羟甲基的数目由尿素与甲醛的摩尔比决定。

【试剂和仪器】

搅拌器、三口瓶、冷凝器、温度计、水浴锅、电吹风机、尿素、甲醛(36%水溶液)、10% NaOH 溶液、10%草酸水溶液、NH_4Cl(固化剂)。

【实验步骤】

1. 合成树脂

在 250 mL 三口瓶上装置搅拌器、温度计、回流冷凝器。称取甲醛水溶液 60 g,用 10% NaOH 溶液调节甲醛 pH 至 8.5～9。称取尿素三份,分别为 11.2 g、5.6 g、5.6 g;三口瓶中先加入 11.2 g 尿素和 60 g 甲醛水溶液,搅拌至溶解(由于溶解吸热会降温,可缓慢升温至室温,以利溶解),升温至 60 ℃时再加入 5.6 g 尿素,继续升温到 80 ℃时再加入 5.6 g 尿素,80 ℃下反应 30 min。用少量 10%草酸溶液小心调节反应体系的 pH,使 pH 为 4.8 左右(注意观察升温现象)。80 ℃下保温反应,并随时取脲醛胶滴入冷水中,观察其在冷水中的溶解情况。当冷水中出现乳化现象后,继续测试在 40 ℃温水中的乳化情况。在温水中出现乳化现象后,立即降温终止反应,并用浓氨水调节脲醛胶的 pH 至 7 左右,再用少量 10% NaOH 溶液调节 pH 至 8.5～9。正常情况下,即可得到澄清透明的脲醛胶。

2. 层压板制备

在表面皿中称取脲醛胶液 40 g,加入 NH_4Cl 0.2 g,搅拌至全部溶解。注意观察胶液 pH 的变化。滤纸条分段浸渍胶液,为保证浸渍胶液均匀,每段浸渍 1 min 左右,滤纸上余量胶液任其自然流失。在架子上晾干一会儿后,将滤纸送入 70～80 ℃烘箱中干燥到既不粘手,又不脆折的程度(约 10 min),保存滤纸于干燥器内以防吸水。将浸好、干燥的滤纸条剪成 8～10 段并层叠整齐,然后置于光滑铁板上,在油压机内压制成型,压制时在铁板上、下分别垫上玻璃纸。压制条件为温度 120 ℃、时间 15 min、压力 50～60 kg/cm²。

【注意事项】

(1) 用草酸溶液调节反应体系 pH 时要十分小心,切忌酸度过大。

(2) 缩聚反应中应防止温度骤然变化,否则易造成胶液混浊。

【思考题】

(1) 在合成树脂的原料中,哪种原料对 pH 的影响最大? 为什么?

（2）试说明 NH_4Cl 能使脲醛胶固化的原因，你认为还可加入哪些固化剂？

（3）如果脲醛胶在三口瓶内发生了固化，那么试分析其中有哪些原因？

5.3　界面缩聚法制备聚酰胺

【实验目的】

掌握界面缩聚反应的原理、方法、类别、特点；加深对界面缩聚过程的理解。

【实验原理】

在缩聚反应中，若以高活性单体代替活性较低的单体，则聚合反应可在较低的温度下完成。这类反应具有不平衡缩聚的反应特征。

界面缩聚是缩聚反应的特有实施方式，将两种单体分别溶解于互不相溶的两种溶剂中，聚合反应只在两相溶液的界面上进行。界面缩聚可分为搅拌界面缩聚、不搅拌界面缩聚、可溶界面缩聚。

界面聚合具有不同于一般逐步聚合反应的机理。单体由溶液扩散到界面，主要与聚合物分子链端的官能团反应。通常聚合反应在界面的有机相一侧进行，如二元胺与二元酰氯的聚合反应。界面聚合具有以下特征：两种反应物并不需要以严格的当量比加入；高分子量聚合物的生成与总转化率无关；界面聚合反应一般是受扩散控制的反应。

要使界面聚合反应成功地进行，需要考虑的因素包括：将生成的聚合物及时移走，以使聚合反应不断进行；采用搅拌等方法提高界面的总面积；反应过程中若有酸性物质生成，则要在水相中加入碱；有机溶剂仅能溶解低分子量聚合物；单体最佳浓度应能保证扩散到界面处的两种单体为等摩尔比时的配比，并不总是 $1:1$。

根据试剂情况，本实验采用二元胺与二元酰氯的不搅拌界面缩聚，其反应式为

$$n NH_2\!-\!\!\{CH_2\}_6\, NH_2 + n Cl\!-\!\overset{\displaystyle O}{\overset{\|}{C}}\!-\!Cl \longrightarrow \{NH\!-\!(CH_2)_6\, NH\!-\!\overset{\displaystyle O}{\overset{\|}{C}}\}_n + 2n HCl$$

【试剂和仪器】

四氯化碳、氢氧化钠、对苯二甲酰氯、己二胺、烧杯、玻璃棒、分析天平。

【实验步骤】

在 100 mL 烧杯中加入 25 mL 四氯化碳和 0.25 g 对苯二甲酰氯，使其溶解。在另一烧杯中加入 25 mL 水和 0.6 g 氢氧化钠，溶解后再加入 1 g 己二胺，使其溶解。将己二胺溶液小心地沿烧杯壁缓缓倒入盛有对苯二甲酰氯的烧杯中，此时烧杯中两层溶液的界面立即形成一层聚合物薄膜。用玻璃棒小心地将界面处的聚合物薄膜拉出，并缠在玻璃棒上，直至反应完毕。用1%的盐酸溶液洗涤聚合物以终止聚合，再用蒸馏水洗涤至中性，并于 80 ℃真空干燥，将得到的聚

合物称重。

【思考题】

(1) 界面缩聚中界面的作用是什么？

(2) 界面缩聚能不能用于聚酯的合成？为什么？

(3) 举一个界面缩聚在生产上的应用实例，并用反应方程式说明。

5.4　环氧树脂的制备及环氧值的测定

【实验目的】

通过双酚 A 型环氧树脂的制备来进一步掌握一般缩聚反应的原理；熟悉低分子量环氧树脂的制备方法，了解环氧树脂的用途；熟悉环氧值的测定方法。

【实验原理】

分子内含有环氧基团的聚合物一般统称为环氧树脂。它是一种多品种、多用途的新型合成树脂，性能好，对金属、陶瓷、玻璃等材料具有优良的黏合能力，所以有万能胶之称。又因为它的电绝缘性能好、体积收缩小、化学稳定性高、机械强度大，所以被广泛地用作黏合剂、增强塑料（玻璃钢）电绝缘材料、铸型材料等，在国民经济建设中发挥出很大作用。

双酚 A 型环氧树脂是环氧树脂中产量最高、使用范围最广的一个品种，有通用环氧树脂之称。它是由双酚 A 和环氧氯丙烷在氢氧化钠催化下反应生成的，其反应式为

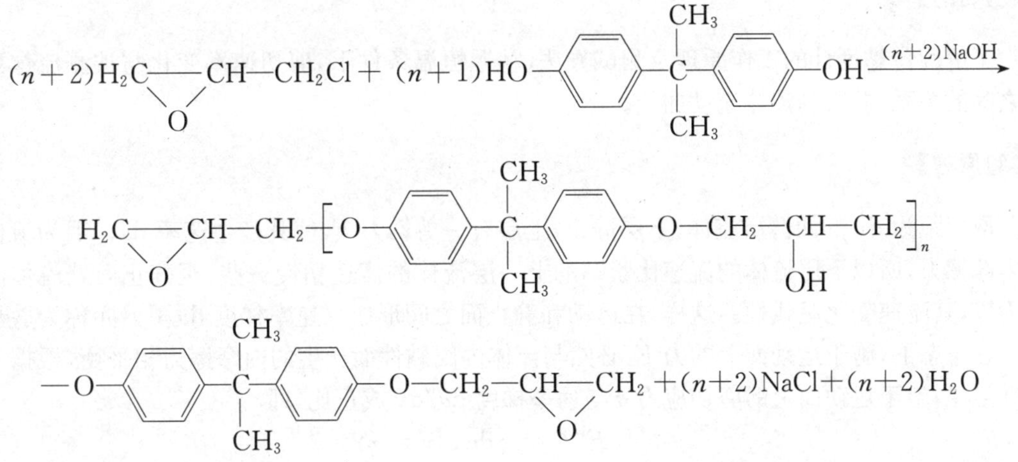

【试剂和仪器】

环氧氯丙烷、双酚 A、氢氧化钠、苯、去离子水、四口瓶、滴液漏斗、电动搅拌器、温度计、减压蒸馏装置、水浴锅等。

【实验步骤】

将 22 g 双酚 A(0.1 mol)和 28 g 环氧氯丙烷(0.3 mol)依次加入装有搅拌器、滴液漏斗和温度计的 250 mL 四口瓶中。水浴加热,升温至 75 ℃,搅拌双酚 A 使其完全溶解。70 ℃下滴加 40 mL 20%的 NaOH 溶液,约 0.5 h 滴加完毕。在 75~80 ℃下继续反应 1.5~2 h,此时溶液呈乳黄色,停止加热,降温。加入苯 60 mL,搅拌,在树脂溶解后移入分液漏斗,静置后分去水层,再用蒸馏水洗涤数次,直到洗涤水呈中性及无氯离子(用 pH 纸及 AgNO₃ 溶液检查),分出有机层。将上层苯溶液倒入减压蒸馏装置中,先在常压下蒸去苯,然后减压蒸馏以除去所有挥发物。趁热将烧瓶中的树脂倒出,冷却后可得琥珀色、透明、黏稠的环氧树脂,称重并计算产率。

【数据处理】

环氧值的测定:参见附录 4。

【思考题】

(1) 试讨论影响环氧树脂合成的主要因素有哪些?

(2) 举例说明环氧树脂固化反应的机理。

(3) 环氧树脂有哪些用途?

5.5　旋转黏度计测定胶水的黏度

【实验目的】

了解旋转黏度计的工作原理及测试方法,掌握恒温条件下,剪切速率变化与被测流体黏度值之间的关系,并绘制流体流动曲线。

【实验原理】

取相距为 dy 的两薄层流体,下层静止,上层有一剪切力 F,使其产生速率 du。因为流体间有内摩擦力,所以下层流体的流速比紧贴的上一层流体的流速稍慢一些,至静止面处流体的速率为零,其流速变化呈线性。这样,在运动和静止面之间形成一速率梯度 du/dy,亦称为剪切速率。在稳态下,施于运动面上的力 F,必然与流体内因黏性而产生的内摩擦力相平衡,根据牛顿黏性定律,施于运动面上的剪切应力 σ 与速率梯度 du/dy 成正比,即

$$\sigma = F/A = \eta\,du/dy = \eta\gamma \tag{5-1}$$

式中,η 为黏度系数,又称黏度;du/dy 为剪切速率,用 γ 表示。以剪切应力对剪切速率作图,所得的图形称为剪切流动曲线,简称流动曲线。

牛顿流体的流动曲线是通过坐标原点的一条直线。其斜率为黏度,即牛顿流体的剪切应力与剪切速率之间的关系完全服从牛顿黏性定律:$\eta = \sigma/\gamma$,水、酒精、醇类、酯类、油类等均属于牛

顿流体。

　　凡是流动曲线不是直线或虽为直线但不通过坐标轴原点的流体,都称为非牛顿流体。此时的黏度随剪切速率的改变而改变,该黏度称为表观黏度,用 η_a 表示。聚合物浓溶液、熔融体、悬浮体、浆状液等大多属于非牛顿流体。聚合物流体多数属于非牛顿流体,它们与牛顿流体有不同的流动特性,两者的动量传递特性也有所差别,进而影响到热量传递、质量传递和反应结果。某些聚合物的浓溶液通常用幂律定律来描述它们的黏弹性,即

$$\sigma = k\gamma^n \tag{5-2}$$

式中,n 为流动幂律指数;k 为稠变系数(常数)。表观黏度又可表示为

$$\eta_\sigma = k\gamma^{n-1} \tag{5-3}$$

　　幂律定律在表征流体的黏弹性上的优点是通过 n 值的大小来判定流体的性质。$n>1$ 为胀塑性流体;$n<1$ 为假塑性流体;$n=1$ 为牛顿流体。几种流体可以用图 5-1 表示。将 $\sigma = k\gamma^n$ 取对数可得

$$\lg \sigma = \lg k + n\lg \gamma \tag{5-4}$$

以 $\lg \sigma$ 对 $\lg \gamma$ 作图可得一直线,n 值和 k 值即可定量求出。

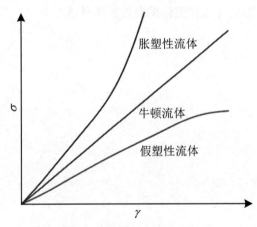

图 5-1　典型的流变曲线图

【试剂和仪器】

　　配制溶液(1% PVA 溶液、5% PVA 溶液、10% PVA 溶液)、去离子水、NDJ-8S 型旋转黏度计。

【实验步骤】

　　(1) 将黏度计放置平稳后接通电源,空载调零。

　　(2) 将被测溶液小心地倒入测试容器,直至液体能完全浸没转子时为止。

　　(3) 打开测试旋钮,选择合适的转子与转速。

　　(4) 关闭测试旋钮,取下转筒,换上另一个,重复(2)～(4)操作。

　　(5) 测试完毕,切断电源,洗干净转筒容器。

【数据处理】

在表 5-1 中记录去离子水、不同浓度 PVA 溶液的黏度值。

表 5-1　去离子水、不同浓度 PVA 溶液的黏度值

样品	转子	转速	黏度(mPa·s)平均值
去离子水			
1% PVA 溶液			
5% PVA 溶液			
10% PVA 溶液			

【思考题】

(1) 牛顿流体与非牛顿流体的主要区别是什么？

(2) 为什么聚合物溶液的黏度远大于相应溶剂的黏度？

(3) 旋转黏度计适合测定什么样流体的黏度？为什么？

实验 6　共聚物的制备、组成测定及热性能测试分析

6.1　甲基丙烯酸甲酯-苯乙烯的无规共聚

【实验目的】

掌握悬浮共聚合的反应机理和配方中各组分的作用,了解其聚合工艺特点。

【实验原理】

以甲基丙烯酸甲酯(MMA)为主单体,与少量苯乙烯共聚合的无规共聚物称为有机玻璃模塑粉,其分子量要达到 130000~150000 才能加工成具有一定机械性能的产品,其结构可表示为

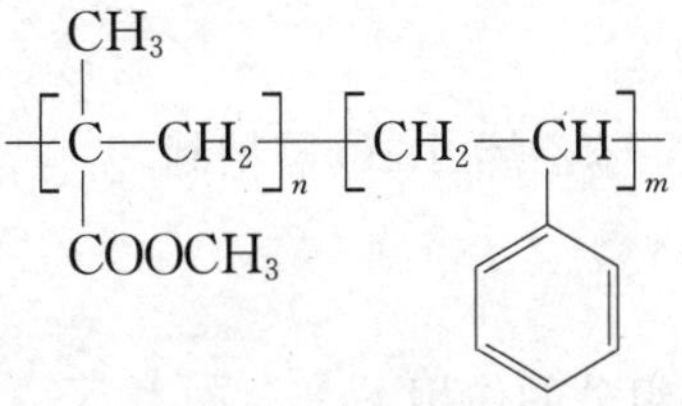

$$\left[\begin{array}{c} CH_3 \\ | \\ C-CH_2 \\ | \\ COOCH_3 \end{array}\right]_n \left[CH_2-CH\right]_m$$

MMA 和苯乙烯均不溶于水,单体靠机械搅拌形成的分散体系是不稳定的分散体系,为了使单体液滴在水中保持稳定,避免黏结,需在反应体系中加入悬浮剂。实验证明,采用磷酸钙乳浊液做悬浮剂效果较好,加入量为单体总质量的 0.7% 左右。

【试剂和仪器】

苯乙烯、MMA、过氧化苯甲酰(BPO)、硬脂酸、去离子水、氯化钙、磷酸三钠、氢氧化钠、三口瓶、四口瓶、电动搅拌器、水浴锅、冷凝管、温度计、抽滤装置等。

【实验步骤】

1. 悬浮剂的制备

称取 6 g 氯化钙并放入 500 mL 三口瓶中,加入去离子水 165 mL,搅拌,使其溶解,得无色透明水溶液备用。按配方称取 6 g 磷酸三钠、0.8 g 氢氧化钠并放入 400 mL 烧杯中,加入去离子水 165 mL,搅拌,使其溶解,得无色透明水溶液备用。将三口瓶中的氯化钙溶液水浴加热溶

解至沸腾,另将盛有磷酸三钠、氢氧化钠水溶液的烧杯放于热水浴中,一边搅拌,一边用滴管将此溶液连续滴加至三口瓶中,在 20～30 min 内加完,然后在沸腾的水浴中保温 30 min,停止反应。反应后的悬浮剂呈乳白色混浊液,用滴管取 20 滴(或 1 mL)悬浮剂置于干净的试管中,加入 10 mL 去离子水,摇匀,放置 30 min,如无沉淀,即为合格,备用。制得的悬浮剂应在 8 h 内使用;如有沉淀,就不能使用,需另行制备。

2. MMA 与苯乙烯共聚合反应

在 250 mL 的四口瓶上,装上密封搅拌器、真空系统,加入 50 mL 去离子水、22 mL 悬浮剂后抽真空至 86659.3 Pa(650 mmHg)。分别称取 4 g MMA 和 6 g 苯乙烯,混合均匀,再加入 0.7 g 硬脂酸和 0.35 g BOP 使其溶解,然后放入四口瓶中(加料时尽量避免空气进入)。升温,控制加热速率,使体系的温度快速升至 75 ℃,然后以 1 ℃/min 的升温速率升至 80 ℃,并保温 1 h,再以 5 ℃/min 的升温速率升至 90 ℃,待真空度升至最高点并开始下降时,表示反应即将结束。为了使单体完全转化为聚合物,应继续升温至 110～115 ℃,并在 110～115 ℃下保温 1 h,聚合反应完毕。

3. 聚合物后处理

反应后所得的物料为有机玻璃模塑粉悬浮液,需经酸洗、水洗、过滤、干燥等处理过程。酸洗:反应所得物料呈碱性,且含有的悬浮剂磷酸钙应除去,方法是加入 2 mL 化学纯盐酸。水洗、过滤:水洗的目的是除去产物中的 Cl^-,方法是先用自来水洗 4～5 次,再用去离子水洗 2 次(每次用量 50 mL 左右),用 $AgNO_3$ 溶液检验有无 Cl^- 存在(无白色沉淀即可),采用抽滤过滤使粉料与水分开。干燥:将白色粉状聚合物放入搪瓷盘中,置于 100 ℃的烘箱中烘干至恒重。

【注意事项】

控制合适的搅拌速率,MMA、苯乙烯、BPO 需精制。

【思考题】

(1) 简要说出悬浮共聚中各组分的作用。
(2) 实验中为什么在加料时要避免空气进入?

6.2　苯乙烯-顺丁烯二酸酐的交替共聚及聚合物的组分测定

【实验目的】

了解溶液聚合中沉淀聚合的特征和应用;掌握交替共聚原理、实施方法及交替共聚物组成的测定方法。

【实验原理】

交替共聚物的制备原理如下:

　　顺丁烯二酸酐由于空间位阻效应，在一般条件下不易均聚，但苯乙烯由于共轭效应易均聚。当上述两种单体在一定的配料比、引发剂和聚合条件下，很容易共聚，且共聚物具有规整的交替结构。这是因为两者的极性相差较大，即它们带有相反的电荷，所以很容易生成一种电荷转移配合物。这种配合物可看成一个大单体，在自由基的引发下进行聚合，形成 1∶1 的交替结构。

$$\underset{\text{给电子体}}{D} + \underset{\text{受电子体}}{A} \underset{}{\overset{K}{\rightleftharpoons}} \underset{\text{配合物}}{[D \rightarrow A]}$$

$$n[D \rightarrow A] \overset{I}{\longrightarrow} [D \rightarrow A]_n$$

　　式中的给电子体 D 为苯乙烯，由于苯环的推电子作用，使碳碳双键电子云密度增加而带部分负电荷；受电子体 A 为顺丁烯二酸酐，其带有两个很强的—CO—吸电子基团，使酸酐中碳碳双键的电子云密度降低，从而带部分正电荷。两者所带电荷相反，在静电作用下很容易形成过渡态的络合物。

　　此外，通过 e 值和竞聚率也可判定两种单体所形成的共聚物结构。苯乙烯带有强的供电子取代基，Q、e 值分别为 1.0、-0.8；顺丁烯二酸酐带有强的吸电子取代基，Q、e 值分别为 0.23、2.25，通常不易单独进行聚合反应，而两个单体之间却易发生共聚，从而产生交替共聚物。60 ℃时，苯乙烯(M_1)-顺丁烯二酸酐(M_2)的竞聚率分别为 0.01 和 0，由共聚组成微分方程可得

$$\frac{d[M_1]}{d[M_2]} = 1 + r_1 \frac{[M_1]}{[M_2]}$$

　　当惰性单体顺丁烯二酸酐的用量远大于易均聚单体苯乙烯时，$r_1[M_1]/[M_2]$ 趋向于 0，共聚反应趋于生成理想的交替结构。

　　顺丁烯二酸酐除了与苯乙烯生成交替聚合物之外，还可以与 α-烯烃、乙烯基醚、乙烯基硫醚等强供电子单体进行交替聚合。此外，顺反丁烯二酸、顺反丁烯二腈等受电子单体也能进行如上的交替共聚。

　　顺丁烯二酸酐与苯乙烯的交替共聚物不溶于四氯化碳、氯仿、苯、甲苯、甲醇等，但可溶于四氯呋喃、二氧六环、二甲基甲酰胺等溶剂。因此，在采用上述溶剂进行聚合反应时，所生成的聚合物和长链自由基将以固态形式从溶液中沉淀出来，构成非均相体系，我们把这种体系称为沉淀聚合或淤浆聚合。因沉淀聚合的长链自由基包裹而引起的自动加速效应，使聚合速率高、产物分子量大，而且非均相体系的形成又大大降低了体系的黏度，改善了传热。因此，沉淀聚合在实际生产中被广泛应用。

　　交替共聚物组成的测定原理：选用过量的 NaOH 与聚合物中的酸酐反应，剩余的碱用 HCl 滴定，计算求出共聚物的组成。

$$\left[CH_2 - CH - CH - CH \right]_n + 2NaOH(过量) \xrightarrow{溶解} \left[CH_2 - CH - CH - CH \right]_n$$

【试剂和仪器】

苯乙烯(新蒸)、顺丁烯二酸酐、过氧化苯甲酰(BPO,精制)、甲苯、NaOH、盐酸、三口瓶、回流冷凝器、恒温水浴锅、搅拌器、圆底烧瓶、温度计(100 ℃)、量筒、烧杯、恒压漏斗、布氏漏斗、滴定管等。

【实验步骤】

1. 交替共聚物的制备

在配有搅拌器、温度计和回流冷凝器的三口瓶中加入 40 mL 甲苯,准确加入 5.2 g 苯乙烯、4.9 g 顺丁烯二酸酐,在室温下搅拌,直至它们完全溶解,溶液变清,加热至 80 ℃。准确称取 50 mg BPO,加入 10 mL 甲苯,溶解均匀后倒入恒压漏斗,缓慢滴入三口瓶(1 d/6 s)。当体系出现白色浑浊(30~40 min)时,表明已有聚合物沉淀生成。记录该点时间。继续聚合约 90 min,沉淀聚合物大量生成,停止聚合,用冷水冷却,再用布氏漏斗抽滤。滤液苯回收,滤出的聚合物在 60 ℃烘箱内干燥,称重并计算产率。

2. 交替共聚物的组成测定

将研细的 0.5 g 苯乙烯-顺丁烯二酸酐共聚产物置于锥形瓶中,用移液管移取 20 mL 0.5 mol/L的 NaOH 溶液。配上回流冷凝管,将锥形瓶放入沸水浴中加热,待反应物呈无色透明后,用少量蒸馏水洗冷凝管,取下锥形瓶。样品冷至室温后,加入 3 滴酚酞指示剂,用标准盐酸滴定至无色即为终点。以上操作进行两次,按下式计算共聚物中顺丁烯二酸酐的质量百分数,并取其平均值。

$$W_{顺} \% = \frac{98.06 \times (N_{NaOH} \cdot V_{NaOH} - N_{HCl} \cdot V_{HCl})}{2 \times W_{共} \times 1000} \times 100\%$$

【注意事项】

(1) 共聚时,三口瓶应干燥,不能有水,否则实验易失败。

(2) 沉淀聚合凝胶效应会使反应自动加速。在反应过程中,要控制好温度,避免因反应放热而引起冲料。

(3) 为提高产率,可在反应后期将温度升至 80 ℃。反应过程中要注意观察反应现象,待水冷却后再过滤回收。

【思考题】

(1) 试推断以下单体进行自由基共聚时,哪一项容易得到交替共聚物? 为什么?

① 丙烯酰胺/丙烯腈；② 苯乙烯/丙烯酸甲酯；③ 三氟氯乙烯/乙基乙烯醚。

（2）如果苯乙烯、顺丁烯二酸酐不是等摩尔投料，那么应如何计算产率？

（3）对所得共聚物的产率和共聚物组成的实验值与计算值进行比较，并分析原因。

（4）苯乙烯-顺丁烯二酸酐共聚物与 NaOH 溶液的反应是高分子化学反应，试比较高分子化学反应与低分子化学反应的异同点。

6.3　接枝共聚制备高吸水性树脂

【实验目的】

了解高吸水性树脂的基本功能、用途；掌握接枝聚合的原理及制备高吸水性树脂的方法。

【实验原理】

吸水性树脂是不溶于水且在水中溶胀的具有交联结构的高分子材料。当吸水量达到平衡时，以干吸水性树脂为基准的吸水率倍数与单体性质、交联密度、水质情况等因素有关。根据吸水量和用途可将吸水性树脂大致分为两大类：吸水量与干树脂的质量比小于 1，吸水后具有一定的机械强度的称为水凝胶；吸水量可达到树脂质量的数十倍，甚至上千倍的称为高吸水性树脂。高吸水性树脂用途广泛，在石化、建筑、农业、林业、医疗等领域得到了广泛应用。

高吸水性树脂的吸水原理：高吸水性树脂一般为含有亲水基团和交联结构的高分子电解质。吸水前，高分子链相互靠拢缠绕在一起，彼此交联成网状结构，从而达到整体上的紧固。与水接触时，因为吸水性树脂上含有多个亲水基团，所以首先进行水润湿，然后水分子通过毛细作用和扩散作用渗透到树脂中，链上的电离基团在水中电离。链上同离子之间的静电斥力使高分子链伸展溶胀，由于电中性要求，反离子不能迁移到树脂外部，树脂内外部溶液间的离子浓度差形成反渗透压。水在反渗透压的作用下进一步进入树脂中，形成水凝胶。同时，树脂本身的交联网状结构与氢键作用又限制了凝胶的无限膨胀。

高吸水性树脂的吸水性受多种因素制约，归纳起来主要有结构因素、形态因素和外界因素三个方面。

（1）结构因素包括亲水基的性质和数量、交联剂种类和交联密度、树脂分子主链的性质、树脂的结构和生产原料、制备方法等有关。交联剂的影响：交联剂用量越大，树脂交联密度越大，树脂不能充分地吸水膨胀；交联剂用量太低时，树脂交联不完全，部分树脂溶解于水中而使吸水率下降。吸水力与水解度的关系：当水解度在 60%～85% 时，吸收量较大；当水解度大于 85% 时，吸收量下降，其原因是随着水解度增加，虽然亲水的羧酸基增多，但交联剂也发生了部分水解，使交联网络被破坏。

（2）形态因素主要是指高吸水性树脂的主要形态。增大树脂产品的表面，有利于在较短时间内吸收较多的水，达到较高的吸水率，因而将树脂制成多孔状或鳞片可保证其吸水性。

（3）外界因素主要是指吸收时间和吸收液的性质。随着吸收时间的延长，水分由表面向树脂产品内部扩散,直至达到饱和。高吸水性树脂多为高分子电解质,其吸水性受吸收液性质,特别是离子种类和浓度的制约,在纯水中吸收能力最强。盐类物质的存在会产生同离子效应,从而显著影响树脂的吸收能力,遇到酸性或碱性物质时吸水能力也会降低。电解质浓度增大,树脂的吸收能力下降。除盐效应外,还可能在树脂大分子之间的羧基上产生交联,阻碍树脂凝胶的溶胀作用,从而影响吸水能力,所以二价金属离子对于树脂吸水性降低表现得更为显著。

天然高分子淀粉或纤维素的接枝聚合,引入亲水性基团,得到天然高分子改性的吸水树脂。自由基聚合中引发剂引发淀粉接枝共聚,多数引发剂的引发反应机理目前仍不够清楚,但过渡金属铈盐引发淀粉接枝的反应机理已被证实。淀粉单糖基中的邻二醇结构被引发剂氧化成二醛结构,醛基进一步被氧化成酰基自由基,引发单体聚合。本实验用硝酸铈铵引发剂引发淀粉接枝聚丙烯腈。Ce^{4+} 首先与淀粉配位,使淀粉链上的葡萄糖环 2、3 位置上的两个羟基碳原子,一个被氧化,致碳链断裂,另一个未被氧化的羟基碳原子上产生初级自由基,再引发丙烯腈单体进行聚合,其反应式为

淀粉接枝丙烯腈制得的共聚物,是带 —CN 的接枝物。—CN 是憎水基团,故此种化合物不吸水。为了使它吸水,必须加碱水解,使 —CN 变成 —CONH$_2$、—COOH 和 —COOM(M 为碱金属离子)等亲水基团,才能成为吸水性产物,其水解反应式为

$$
\begin{array}{c}
\text{CH}_2\text{OH} \\
\diagdown \text{O} \\
-\text{O}-\underset{\underset{\underset{\text{O}}{\parallel}}{\text{C}}}{\text{H}}\quad \underset{\underset{\underset{\text{CH}_2-\text{CH}[\text{CH}_2-\text{CH}]_n\text{CH}_2-\text{CH}_2}{\mid\quad\quad\mid\quad\quad}}{\underset{\text{CN}\quad\quad\text{CN}\quad\quad\text{CN}}{}}}{\text{C}}-\text{OH}
\end{array}
\quad\xrightarrow{\text{NaOH}}
$$

$$
\begin{array}{c}
\text{CH}_2\text{OH} \\
\diagdown \text{O} \\
-\text{O}-\text{C}\quad\text{C}-\text{OH} \\
[\text{CH}_2-\text{CH}]_n[\text{CH}_2-\text{CH}]_m\text{CH}_2-\text{CH}_2 \\
\text{CONH}_2\quad\text{COOM}\quad\text{R}
\end{array}
\quad+\text{NH}_3+\text{H}_2\text{O}
$$

式中,M 为碱金属离子或 H^+;R 为—$CONH_2$、—$COOH$ 或—$COOM$。

【试剂和仪器】

丙烯腈、淀粉、过硫酸钾、硝酸铈铵、氢氧化钠、三口瓶、球形冷凝器、温度计(100 ℃)、烧杯、培养皿、布氏漏斗、抽滤瓶、恒温水浴锅、电动搅拌器、聚四氟乙烯搅拌棒、干燥器。

【实验步骤】

三口瓶中加入 40 mL 蒸馏水、4 g 淀粉,搅拌下通氮气保护,水浴升温至 70～80 ℃糊化 0.5 h。温度降至 35 ℃,搅拌下加入 20% NaOH 溶液 40 mL、单体丙烯腈 10 g、引发剂硝酸铈铵 (1%水溶液)2.5 mL、过硫酸钾(0.4%水溶液)2.5 mL,40 ℃下中速搅拌 3 h。将反应物在乙醇中沉淀,离心机分离,吸去上层清液,抽滤,乙醇洗涤三次,抽滤,50 ℃真空干燥,称重,计算产率。

【注意事项】

(1) 淀粉糊化最好用氮气保护,糊化温度不能太高,避免淀粉氧化降解。

(2) 接枝反应中加入少量可交联单体,如亚甲基双丙烯酰胺,可以得到具有网络结构的吸水性树脂,其保水性和强度都会提高。

(3) 高吸水性树脂送入烘箱烘干前应尽可能抽干,否则,乙醇含量太高,在烘箱中烘烤时易发生危险。

(4) 高吸水性树脂在制备过程中应避免与水接触。

【思考题】

(1) 高吸水性树脂的吸水机理?

(2) 试分析高吸水性树脂对自来水、去离子水和模拟尿液的吸水率差别?

6.4　紫外分光光度法测定无规共聚物的组成

【实验目的】

掌握紫外吸收光谱的原理和分析方法;了解紫外光谱在高聚物工业中的应用和测定共聚物组成的方法。

【实验原理】

波长在 50~400 nm 的光波称为紫外光。其中,波长为 200~400 nm 的紫外光称为近紫外光区,这一区间的紫外光能通过空气和石英玻璃;波长为 50~200 nm 的紫外光称为远紫外光区,这一区间的紫外光能被空气中的氧气吸收,只能在真空中进行工作。高聚物大部分是以共价键结合起来的,共价键 σ 键和 π 键中电子的运动各有不同形式的成键轨道,分别称为 σ 轨道和 π 轨道。有成键轨道存在,就必须有相应的反键轨道,分别用 σ*、π* 表示,稳定分子中的各个原子的价电子都在 σ 轨道和 π 轨道中运动,反键轨道一般都是空着的,电子从成键轨道跃迁到反键轨道,需要吸收一定的能量,这种能量是量子化的。有些原子如氮、氧等原子和卤素原子,它们的外层电子除参与 σ 键和 π 键生成外,还有未参与成键的孤电子对,它们各自在非键轨道上运动,以 n 轨道表示,这些电子的轨道能量在原子结合成分子的过程中基本没有变化。一般来说,在大部分高聚物中,电子因吸收光子而跃迁到反键轨道,其波长及相应的能量大致如表 6-1 所示。

表 6-1　各种电子的跃迁、波长及相应的能量

跃迁类型	吸收波长(nm)	摩尔能量(kcal)
$\sigma \rightarrow \sigma^*$	150	190
$\pi \rightarrow \pi^*$	165	173
$n \rightarrow \pi^*$	280	101

从表中可知,$\sigma \rightarrow \sigma^*$ 和 $\pi \rightarrow \pi^*$ 的跃迁,吸收的波长都在远紫外区,只有 $n \rightarrow \pi^*$ 的跃迁是在近紫外区。另外,当分子中存在多个由双键构成的共轭体系时,其 $n \rightarrow \pi^*$ 跃迁能量大为降低,使它的吸收波长出现在近紫外区,属于近紫外光区的吸收波长,可用一般的紫外分光光度计测定。远紫外光区因仪器复杂故很难测定。可在近紫外光区吸收波的基团或结构称为生色团,凡有不成键电子对的基团连接在其共轭双键上,能使共轭体系吸收光波移向长波长一端,如 —OH、—NH₂、—SH 等助色团,使吸收向波长长的一端移动,称为向红效应或红移;向短波一

端移动的称为向紫效应。一般具有紫外光谱的化合物的消光指数值都很高,且重复性好,故用其做结构或组成的定量分析是一个既灵敏又准确的好选择。

本实验利用紫外光谱对苯乙烯和甲基丙烯酸甲酯(MMA)共聚物的组成进行定量分析。某一化合物的吸光度 A 与浓度 C 的关系服从朗伯-比耳定律

$$A = \log \frac{I_0}{I} = \varepsilon LC \tag{6-1}$$

式中,ε 为消光系数,L 为吸收层厚度,I_0、I 分别为入射光和透过光的强度。ε 在数值上等于单位浓度和单位吸收层厚度下的吸光度,如果浓度单位为 g/L,厚度单位为 cm,那么 ε 定名为比消光系数,若浓度单位为 L/(g·cm)时,则 ε 定名为摩尔消光系数。

根据吸收定律的加和性,多组分混合物或共聚物的吸光度等于各单独组分吸光度的总和 $A=A_1+A_2+\cdots$,式中 A_1、A_2 表示单独组分在一定波长下的吸光度。吸光度服从加和性规律,使得多元组分混合物或共聚物的定量分析成为可能。

已知聚苯乙烯和聚甲基丙烯酸甲酯(PMMA)对 265 nm 波长均有吸收,但吸收强度差别很大,聚苯乙烯吸收得多,消光系数 ε_s 大;PMMA 吸收少,消光系数 ε_m 小。将一组不同配比的聚苯乙烯和 PMMA 的混合物溶于氯仿,制成一定浓度的氯仿溶液,用紫外分光光度计测定 265 nm 处的吸光度 A,则

$$A = \varepsilon_s LC_s + \varepsilon_m LC_m \tag{6-2}$$

其中,ε_s、ε_m 为比消光系数,C_s、C_m 的单位为 g/L,整理上式得

$$\frac{A}{CL} = \varepsilon_m + (\varepsilon_s - \varepsilon_m)W_s \tag{6-3}$$

$$CL = C_s + C_m \tag{6-4}$$

$$W_s = C_s/(C_s + C_m) \tag{6-5}$$

对 A/CL-W_s 作图,得一标准工作线,假定在共聚体中上式关系同样成立,那么测出共聚物的氯仿溶液在 265 nm 处的吸光度,对照标准工作线即可求出共聚物的组成。

【试剂和仪器】

聚苯乙烯、PMMA、共聚物 P(S-MMA)、氯仿、UV550 型紫外分光光度计。

【实验步骤】

(1) 取 3 个 10 mL 容量瓶,洗净烘干。使用万分之一天平分别准确称取聚苯乙烯、PMMA 和 P(S-MMA)共聚物各 20 mg,用氯仿溶解,待测定时将其稀释到刻度并摇匀,然后方可进行吸收光测定,波长选 265 nm。

(2) 取 3 个 10 mL 容量瓶,按表 6-2 所示比例并用万分之一天平分别准确称取聚苯乙烯和 PMMA、P(S-MMA)共混物 20 mg(总量),用氯仿溶解,稀释到刻度并摇匀,在 265 nm 处测定吸光度。

表 6-2　PS 与 PMMA 共混物的比例

编号	1	2	3
PS(%)	75	50	25
PMMA(%)	25	50	75

【数据处理】

(1) 计算 PS-PMMA 的比消光系数。

(2) 以 A/CL 对 W_s 作图。

(3) 通过 ε_s、ε_m 求出共聚物组成。

【思考题】

(1) 紫外分光光度计的工作原理是怎样的?

(2) 用紫外分光光度计测高聚物的结构和组成时受到哪些限制?

6.5　SMA 树脂的热失重实验

【实验目的】

掌握热失重分析装置的基本原理、使用方法,测量物质质量与温度变化的关系。

【实验原理】

1. 热重法简介

热重法(Thermogravimetry,TG)是指在温度程序控制下,测量物质的质量与温度关系的一种技术。其数学表达式为

$$W = f(T) \quad 或 \quad W = f(t)$$

热重法使样品处于一定的温度程序(升温/降温/恒温)控制下,观察样品的质量随温度或时间的变化过程,被广泛用于塑料、橡胶、涂料、药品、催化剂、无机材料、金属材料、复合材料等领域的研究与开发、工艺优化与质量监控等。

2. 热重分析仪

热重分析仪由电子天平、加热炉、程序控温系统和数据处理系统四部分组成,其核心是加热炉和电子天平部分。在程序温度(升温/降温/恒温及其组合)过程中,用天平连续测量样品质量的变化并将数据传递到计算机中,利用计算机对时间/温度作图,即得到热重曲线。图 6-1 为热重法的原理示意图。炉体为加热体,在由计算机控制的一定温度程序下运行,炉内可通不同的动态气氛(如 N_2、Ar、He 等保护性气氛,O_2、空气等氧化性气氛,其他特殊气氛等),或者在真空或静态气氛下进行测试。测试过程中,样品支架下部连接的高精度天平随时感知样

品当前的质量,并将数据传送到计算机,由计算机画出样品质量对温度/时间的曲线(TG 曲线)。当样品质量发生变化(其原因包括分解、氧化、还原、吸附与解吸附等)时,会在 TG 曲线上体现为失重/增重台阶,由此可以得知该失重/增重过程发生时的温度区域,并定量计算失重/增重比例。若对 TG 曲线进行一次微分计算,则得到微分热重曲线(DTG 曲线),从而进一步得到质量变化速率等更多信息。

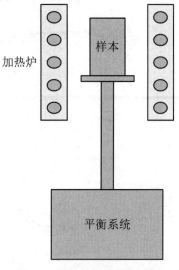

图 6-1　热重法的原理示意图

3. 热重数据的表示方法和处理

(1) TG 曲线和 DTG 曲线。

由热重法测得的记录为热重曲线,它表示过程的失重累积量,属积分型。测定失重速率的是微分热重法,它是 TG 曲线对时间或温度一阶微分的方法,记录为微分热重曲线。

TG 曲线横坐标是温度(℃或 K),有时也可用时间,从左向右逐渐增加,在动力学分析中采用热力学温度(K)或其倒数 $1/T$,单位为 K^{-1}。纵轴为质量,从上向下逐渐减少,可用余重(实际称重 mg 或剩余百分数%)或剩余份数 C(从 1~0)表示。DTG 曲线可以表示为每分钟或每摄氏度产生的变化,如 mg/min、mg/℃或%/min、%/℃等。图 6-2 为典型的 TG 曲线和 DTG 曲线示意图。

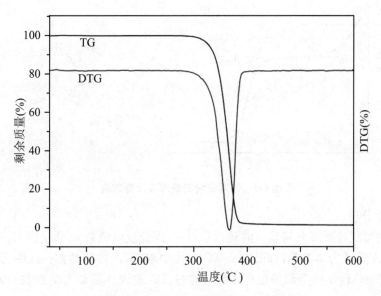

图 6-2　典型的 TG 曲线和 DTG 曲线

有的聚合物受热时不止一次失重,一般可以观察到 2~3 个台阶。每次失重的百分数可由该失重平台对应的纵坐标数值直接得到。在图 6-3 中,第一个失重台阶发生在 300 ℃左右,主要是废旧轮胎中的水分、焦油、挥发性物质和有关增塑剂溢出。随着温度升高出现第二个台阶,这是天然橡胶裂解。第三个台阶主要是高温下合成橡胶裂解。

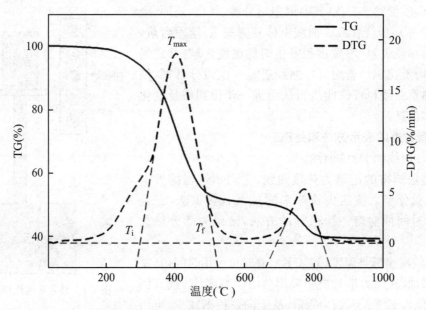

图 6-3　废旧轮胎的 TG 曲线和 DTG 曲线

(2) 失重曲线处理与计算的 ISO 标准方法(图 6-4)。

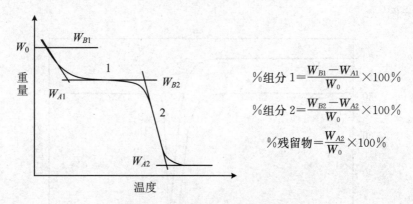

$$\%组分\ 1=\frac{W_{B1}-W_{A1}}{W_0}\times100\%$$

$$\%组分\ 2=\frac{W_{B2}-W_{A2}}{W_0}\times100\%$$

$$\%残留物=\frac{W_{A2}}{W_0}\times100\%$$

图 6-4　失重曲线的处理与计算方法

(3) 动力学分析。

TG 曲线的形状与试样分解反应的动力学有关,因此反应级数 n、活化能 E、Arrhenius 公式中的频率因子 A 等动力学参数,都可以从 TG 曲线中求得,而这些参数在说明聚合物的降解机理、评价聚合物的热稳定性上都是很有用的。通过 TG 曲线计算动力学参数的方法很多,这里介绍几种。

方法一:采用单一加热速率。假定聚合物的分解反应可表示为

$$A(固体)\longrightarrow B(固体)+C(固体)$$

反应过程中留下来的活性物质的质量为 W,则反应速率为

$$-\frac{\mathrm{d}W}{\mathrm{d}t} = KW^n \tag{6-6}$$

式中，$K=Ae^{-E/RT}$。炉子的升温速率是一常数，用 β 表示，则 $\mathrm{d}T/\mathrm{d}t=\beta$，代入式(6-6)得

$$-\frac{\mathrm{d}W}{\mathrm{d}T} = \frac{A}{\beta}e^{-E/RT}W^n \tag{6-7}$$

式(6-7)表示用升温法测得的试样质量随温度的变化与分解动力学参数之间的定量关系。将其两边取对数，并且使在两个不同的温度下得到的两个对数式相减(其中 β 为常数)，则得

$$\Delta\log\left(-\frac{\mathrm{d}W}{\mathrm{d}T}\right) = n\Delta\log W - \frac{W}{2.303}\Delta\left(\frac{1}{T}\right) \tag{6-8}$$

从式(6-8)可看出，当 $1/T$ 是一常数时，$\Delta\log\left(-\dfrac{\mathrm{d}W}{\mathrm{d}T}\right)$ 与 $\Delta\log W$ 呈线性关系，直线的斜率就是 n，可从截距中求出 E。这样只要一次实验就可求出 E 和 n 的数值了。用这种方法求动力学参数的优点是只需要一条 TG 曲线，且可以在一个完整的温度范围内连续研究动力学，这对于研究聚合物裂解时动力学参数随转化率改变而改变的场合而言，特别重要。但是，其最大的缺点是必须针对 TG 曲线很陡的部位求解斜率，其结果会使作图时的数据点分散，给精确计算动力学参数带来困难。

方法二：采用多种加热速率，从几条 TG 曲线中求出动力学参数。每条曲线都可表示为

$$\ln\frac{\mathrm{d}W}{\mathrm{d}T} = \ln A - \frac{E}{RT} + n\ln W \tag{6-9}$$

这种方法虽然需要多画几条 TG 曲线，但计算结果比较可靠，即使动力学机理有点改变，此法也能鉴别出来。

4. TG 在聚合物研究中的应用

TG 应用于聚合物，主要是研究在空气或惰性气体中聚合物的热稳定性和热分解作用。除此之外还可以研究固相反应，测定水分、挥发物和残渣；研究吸附、吸收和解吸；测定汽化速率和汽化热，升华速率和升华热；研究氧化降解；研究增塑剂的挥发性、水解和吸湿性；研究缩聚聚合物的固化程度；研究有填料的聚合物或掺和物的组成；利用特征热谱图进行鉴定。

当前发展起来的 DTA-TG 或 DSC-TG 联用设备，是 DTA 和 TG(或 DSC 和 TG)的样品室相连，在同样的气氛中，控制同样的升温速率进行实验，在谱图上同时得到 DTA 和 TG(或 DSC 和 TG)两种曲线，可由一次实验得到较多的信息，对照进行研究。TG 还可以与红外光谱仪、气相色谱仪、质谱仪等联用，从而相互引证，迅速简便地阐明反应或转变的本质。

5. TG 测定聚合物的热稳定性

热重法是测定聚合物热稳定性的常用方法之一。图 6-5 是几种常见聚合物的 TG 曲线。由图可知这几种聚合物的分解温度、分解快慢和分解的程序。如聚氯乙烯(PVC)在 300 ℃左右失重 60% 后趋于稳定，当温度升至 400 ℃左右后又逐渐分解；聚甲基丙烯酸甲酯(PMMA)、聚乙烯(PE)、聚四氟乙烯(PTFE)分别在 400 ℃、500 ℃、600 ℃左右彻底分解，失重几乎 100%；而聚酰亚胺(PI)在 650 ℃以上分解，失重才 40% 左右。据此可见，这几种材料的耐温性能差异很大，PI 的热稳定性能最好。

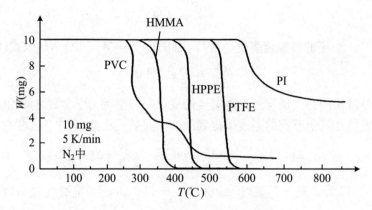

图 6-5　几种聚合物的 TG 曲线

6. TG 应用中须注意的问题

热重数据往往不是物质固有的参数,它们具有程序性的特点,受仪器结构、实验条件和试样本身反应的影响。因此,在表达热分析数据时必须注明这些条件。为了使实验结果具有可比性,在进行热重实验时最好采用相同的实验条件。

另外还有几个问题必须注意:

(1) 在 TG 分析前,样品必须经过干燥或真空干燥以除去水汽或溶剂,否则会出现平台影响正常分析。如果样品中包含添加剂,且添加剂在测定湿度范围内有挥发性或分解性,那么也会引起干扰。干扰大的话,就需要先提纯样品。若热重分析温度很高或有腐蚀性物质产生,则必须采用铂金坩埚盛样。

(2) 样品须置于惰性气体中保护。这一点在 TG 分析中格外重要,因为 TG 的使用温度一般较高,只要少量氧气存在就会引起氧化作用,对失重曲线影响大。还要注意一点,有时有意在氧气环境中进行热重实验,旨在研究聚合物的氧化反应,其结果可能是增重(氧化物不挥发)或失重(氧化物挥发)。

(3) TG 测试中升温速率控制也很重要。升温过快或过慢会使 TG 曲线向高温区或低温区偏移,甚至掩盖应有的平台。一般升温速率为 5 K/min 或 10 K/min。

【试剂和仪器】

自制 SMA 树脂、高纯氮气、热失重及高温差联用仪(沃特斯 Q600)、标准氧化铝坩埚(使用前经马弗炉高温灼烧)。

【实验步骤】

(1) 按照仪器资料中的图示连接好仪器和线路,仪器预热 24 h。

(2) 接通保护氮气,调节气体流速在 15 mL/min 左右。

(3) 称重:用分析天平(精确到 0.1 mg)先称量标准氧化铝坩埚的质量,然后同时按天平上的"Zerose"和"Tare"按钮,将坩埚的质量作为皮重去除,天平上显示的数字变为零。再加入聚合物样品到坩埚中,这时天平上显示的是聚合物样品的质量。

（4）在操作界面中输入测量所需的各种参数。

（5）测量自动进行。

（6）数据处理，包括 Step 分析和热分解动力学 Kinetics 分析。

（7）关氮气，清理实验室和实验台面。

【注意事项】

（1）做实验时，放完药品后，炉子一定要向下放好，若没有放下炉子，则在实验时会把加热炉烧断。

（2）做实验前先打开电源。

（3）通冷却水，保证水畅通。

（4）参比物放支撑杆左侧，测量物放右侧。

（5）每次升温前，炉子应冷却到室温左右。

（6）开始做实验时，放下炉子后应先稳定 5 min 左右，再开始进行数据采集（保证炉膛温度均匀）。

（7）升温过程中如果出现异常情况，应先关闭仪器电源。

（8）实验结束后应继续通冷却水 30 min 左右。

【数据处理】

根据实验数据作图，并对其进行分析。

【思考题】

（1）TG 的基本原理是什么？

（2）TG 在聚合物的研究中有哪些用途？

6.6　高吸水性树脂的差示扫描量热测试分析

【实验目的】

通过用差示扫描量热分析仪测定聚合物的加热及冷却谱图，了解差示扫描量热（Differential Scanning Calorimetry，DSC）的原理，掌握应用 DSC 测定聚合物 T_g、T_c、T_m、ΔH_f 和结晶度的方法。

【实验原理】

（1）许多物质在加热或冷却过程中，当达到某一温度时，往往会发生熔化、凝固、晶型转变、分解、化合、吸附、脱附等物理或化学变化，并伴随熵的改变，从而产生热效应，其表现为该物质与外界环境之间产生温度差。差热分析就是通过测定温度差来鉴别物质，确定其结构、组成，或测定其转化温度、热效应等物理化学性质。在等速升温(降温)的条件下,测量试样与参比物之间的温度差随温度变化的技术称为差热分析(Differential Thermal Analysis,DTA)。试样在升(降)温过程中,发生吸热或放热,在差热曲线上就会出现吸热峰或放热峰。试样发生力学状态变化(如玻璃化转变)时,虽无吸热或放热,但比热有突变,在差热曲线上表现为基线的突然变动。试样对热敏感的变化能反映在差热曲线上。发生的热效应大致可归纳为三种。

① 发生吸热反应。结晶熔化、蒸发、升华、化学吸附、脱结晶水、二次相变(如高聚物的玻璃化转变)、气态还原等。

② 发生放热反应。气体吸附、氧化降解、气态氧化(燃烧)、爆炸、再结晶等。

③ 发生放热或吸热反应。结晶形态转变、化学分解、氧化还原反应、固态反应等。

(2) 用DTA方法分析上述这些反应,既不能反映物质的质量是否变化,也不能反映是物理变化还是化学变化,只能反映出在某个温度下物质发生了反应,具体确定反应的实质还得要用其他方法(如光谱、质谱和X光衍射等)。由于DTA测量的是样品和基准物之间的温度差,试样在转变时热传导的变化是未知的,温差与热量变化比例也是未知的,其热量变化的定量性能不好。在DTA基础上增加一个补偿加热器,即形成另一种技术——差示扫描量热法。

(3) DSC是在程序温度控制下,测量试样与参比物之间单位时间内的能量差(或功率差)随温度变化的一种技术,DSC在定量分析方面比DTA要好,能直接从DSC曲线的峰面积得到试样的放热量和吸热量。

差示扫描量热仪可分为功率补偿型和热流型两种,两者的最大差别在于结构设计原理上。一般实验条件下,都会选用功率补偿型差示扫描量热仪。该仪器有两只相对独立的测量池,其加热炉中分别装有测试样品和参比物,这两个加热炉具有相同的热容及导热参数,并按相同的温度程序扫描。参比物在选定的扫描温度范围内不具有任何热效应,所以在测试过程中记录下的热效应就是由样品的变化所引起的。当样品发生放热或吸热变化时,系统将自动调整两个加热炉的加热功率,以补偿样品发生的热量改变,使样品和参比物的温度始终保持相同,使系统始终处于"热零位"状态,这就是功率补偿式DSC的工作原理,即"热零位"平衡原理。图6-6所示为功率补偿式DSC原理图。

功率补偿式DSC在热量定量方面比DTA好得多,能直接从曲线的峰面积中得到试样的放热量(或吸热量),且分辨率高,测得的化学反应动力学参数和物质纯度等数据比DTA、热流式DSC、热通量式DSC更为精确,其仪器常数K几乎与温度无关,故无需对测得的峰面积加以诸点校正。

热流式DSC使样品处于一定的温度程序(升温/降温/恒温,即相同功率)控制下,观察样品和参比物之间的热流差随温度或时间的变化过程。热流式DSC的基本结构如图6-7所示。

在程序温度(线性升温、降温、恒温及其组合等)过程中,当样品发生热效应时,样品热效应引起参比物与样品之间的热流不平衡,在样品端与参比物端之间产生热流差,并通过热电偶对这一热流差进行测定。由于热阻的存在,参比物与样品之间的温度差(ΔT)与热流差成一定比例关系。将ΔT对时间积分,可得到热焓

$$\Delta H = K \int_0^t \Delta T \mathrm{d}t \qquad (6\text{-}10)$$

式中，$K = f$（温度、热阻、材料性质等）。

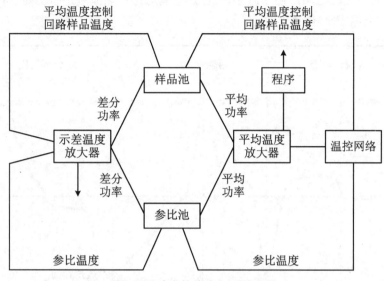

图 6-6　功率补偿式 DSC 原理图

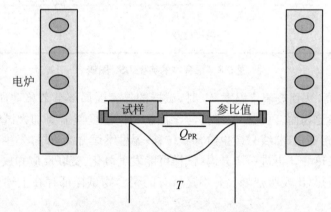

图 6-7　热流式 DSC 基本结构示意图

DSC 曲线的纵坐标代表试样放热或吸热的速率，即热流速率，单位是 mJ/s，试样放热或吸热的热量为

$$\Delta Q = \int_{t_1}^{t_2} \Delta P' \mathrm{d}t \tag{6-11}$$

式(6-11)中右边的积分就是峰面积 A，是 DSC 直接测量的热效应热量。但试样、参比物与补偿加热丝之间存在热阻，补偿的热量有些漏失，所以热效应的热量应修正为 $\Delta Q = KA$。K 为仪器常数，由标准物质实验确定，这里的 K 不随温度、操作条件变化而改变，这就是 DSC 比 DTA 定量性能好的原因。同时，试样、参比物与热电偶之间的热阻应做得尽可能小，这会使 DSC 对热效应的响应快、灵敏、峰的分辨率好、基线水平性好。由于温差电势 ΔT、热阻都与温度呈非线性关系，为了精确地测定试样焓变，必须使用校准曲线。

（4）DSC 测试过程中,样品在程序升温（线性升温、降温、恒温及其组合等）过程中发生热效应时,在样品端与参比端之间产生热流差,通过热电偶对这一热流差进行测定,即可获得图 6-8 所示的聚合物的典型 DSC 图谱。

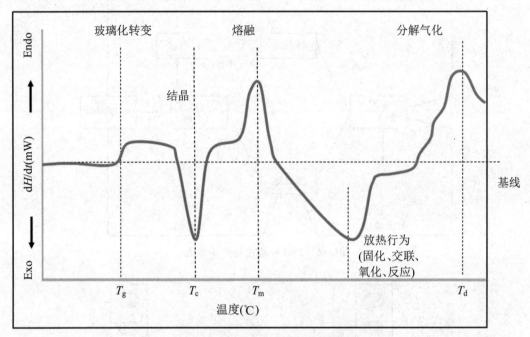

图 6-8　聚合物的典型 DSC 图谱

（5）当温度升高,达到玻璃化温度 T_g 时,试样的热容因局部链节移动而发生变化,一般为增大,所以相对于参比物而言,试样要维持与参比物相同温度就需要加大试样的加热电流。由于玻璃化温度不是相变化,曲线只产生阶梯状位移,温度继续升高,试样发生结晶会释放出大量结晶热,从而出现吸热峰。再进一步升温,试样可能发生氧化、交联反应并放热,出现放热峰,最后试样发生分解、吸热,出现吸热峰。并不是所有的聚合物试样都存在上述全部物理变化和化学反应。

确定 T_g 的方法是在玻璃化转变前后的直线部分取切线,再在实验曲线上取一点（图 6-9 (a)）,使其平分两切线之间的距离,这一点对应的温度为 T_g。T_m 的确定方法:对于低分子物质来说,如苯甲酸（图 6-9(b)）,在峰的前部斜率最大处作切线,使其与基线的延长线相交,此点对应的温度即为 T_m;对于聚合物来说,图 6-9(c)中的峰的两边斜率最大处引切线,相交点对应的温度即为 T_m,或取峰顶温度作为 T_m。T_c 通常也取峰顶温度。峰面积的取法如图 6-9 (d)、(e)所示。如果峰前峰后基线基本水平,峰对称,其面积为峰高乘半宽度,即 $A = h \times \Delta t_{1/2}$ (图 6-9(f))。若 100%结晶试样的熔融热 ΔH_f 已知,则试样的结晶度的计算公式为

$$结晶度 X_D = \frac{\Delta H_f}{\Delta H_f^*} \times 100\% \tag{6-12}$$

目前,DSC 在高分子材料方面应用非常广泛,如研究结晶聚合物的熔融与结晶过程、聚合物的玻璃化转变与热熔松弛、聚合物的反应过程、多相聚合物体系的相容性、液晶聚合物的热转

变过程、聚合物与水的相互作用、聚合物与 T_g 转变有关的其他性能，如分子间相互作用与 T_g 的关系、聚合物交联与降解对 T_g 的影响、添加物对 T_g 的影响、T_g 与相对分子质量及分布的关系等。

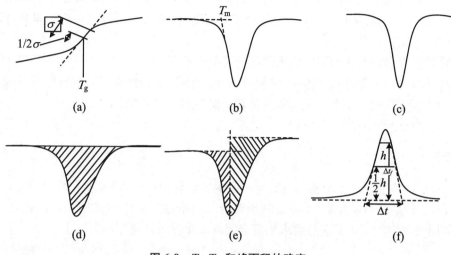

图 6-9　T_g、T_m 和峰面积的确定

（6）不同类型样品的制样方式。

① 粉末状固体：样品均匀分布于坩埚底部。

② 块状固体：如橡胶、热塑性塑料，可用小刀切成薄片。

③ 薄膜：采用空心钻头钻取或冲取圆片。圆片完全覆盖在坩埚底部。为了增加样品与坩埚底部的接触，应在坩埚上加盖，凸面朝下，并密封。

④ 液体：根据样品黏度，可采用细玻璃棒、微型移液管或注射器将其滴入坩埚。

⑤ 纤维：切成小段平铺于坩埚底部；束状纤维可用铝箔包裹，且切取两端，将由铝箔包裹的纤维材料放入坩埚。同时滴加甘油来提高实验结果的准确度。

【试剂和仪器】

高吸水性树脂粉末、高纯氮气、差式扫描量热仪（德国耐驰 DSC200PC）、标准氧化铝坩埚（使用前经马弗炉高温灼烧）。

【实验步骤】

（1）开机：开启电脑和 DSC 测试仪。仪器打开后预热 30 min，方可进行样品测试。同时打开氮气阀，通氮气。

（2）制样：取适量样品并称量，将其放入坩埚中，压片机压制。一般测量玻璃化转变样品时可多些，在 15 mg 左右；测试熔融温度时样品量应少些，在 5 mg 左右。镊子夹取坩埚时应防止坩埚损坏，如测试中有气体逸出，可在坩埚盖上扎一个小孔。

（3）打开测试软件，建立新的测试窗口和测试文件。

（4）设定测量参数、测量类型、样品编号、样品名称、样品质量、操作者、材料。

（5）打开温度校正文件和灵敏度校正文件。

（6）设定程序温度：进入温度控制编程程序。设定程序温度时，初始温度要比测试过程中出现的第一个特征温度低 50～60 ℃，一般选择升温步长为 10 ℃/min 或 20 ℃/min。程序条件：选定 STC、吹扫气和保护气。如果进行低温阶段测定，那么应将仪器先冷却到低温阶段。

（7）定义测试文件名。

（8）将样品坩埚和参比物坩埚放入样品池。

（9）在计算机中选择"按钮"测试，仪器自动开始运行，运行结束后可以打印所得到的谱图。

（10）处理谱图，求取聚合物相应的特征转变温度和转变热焓。

（11）测试完毕关闭仪器，退出程序。

【数据处理】

利用 DSC 曲线通过仪器分析软件确定样品的玻璃化温度、结晶温度和熔融温度，并求其熔融热焓 ΔH_f。若是结晶聚合物，则可以利用聚合物的熔融热焓求出其结晶度。若是热固性树脂，则可利用聚合物的固化反应热焓求出聚合物的固化反应转化率（α）。

【注意事项】

（1）根据测试内容准确设定升温程序。

（2）保持坩埚清洁，避免用手触摸。

（3）实验完成后，必须等炉温降到室温至 100 ℃之间时才能打开炉盖。

（4）必须注意将 DSC 测试温度范围控制在样品分解温度以下。

（5）测试过程中若被测样品有腐蚀性气体逸出，则应加大吹扫气的流速，以利于将腐蚀性气体带出去。

【问题与讨论】

（1）升温速率对聚合物的 T_g 有何影响？

（2）以相同的升温速率，对结晶聚合物材料进行两次扫描，试分析两次升温曲线有哪些异同点，为什么？

（3）DSC 在聚合物研究中有哪些用途？

实验7 离子聚合制备聚丙烯腈、聚苯乙烯树脂

7.1 丙烯腈的阴离子聚合

【实验目的】

了解阴离子聚合的原理和特点;掌握甲醇钠引发丙烯腈阴离子聚合的方法。

【实验原理】

阴离子聚合的单体包括带吸电子取代基的乙烯基单体、羰基化合物和杂环化合物。阴离子聚合根据引发剂种类的不同,反应的具体实施也有所差别。

(1) 以碱金属为引发剂时,为增加碱金属颗粒的比表面积,在聚合过程中通常先把金属与惰性溶剂加热至金属的熔点以上,剧烈搅拌,然后冷却得到金属微粒,再加入聚合体系,属非均相引发体系。

(2) 以碱金属与不饱和化合物或芳香化合物的复合物为引发剂时,以萘钠为例,先将金属钠与萘在惰性溶剂中反应并形成络合物,再加入聚合体系引发聚合反应,属均相引发体系。

(3) 阴离子加成引发,包括金属氨基化合物($MtNH_2$)、醇盐($RO—$)、酚盐($PhO—$)、有机金属化合物(MtR)、格氏试剂($RMgX$)等。一般先合成引发剂再加入反应体系中,以醇(酚)盐为例,一般先让金属与醇(酚)反应制得醇(酚)盐,然后再加入聚合体系引发聚合反应。

本实验以甲醇钠为引发剂引发丙烯腈的阴离子聚合:

① 甲醇钠的制备

$$2CH_3OH + 2Na \longrightarrow 2CH_3ONa + H_2$$

② 丙烯腈聚合

$$CH_3ONa \underset{\longleftarrow}{\overset{电离}{\longrightarrow}} CH_3O^- \ Na^+$$

$$CH_3O^- \ Na^+ + H_2C\!=\!\!CH \longrightarrow H_3CO\!-\!CH_2\!-\!CH^- \ Na^+ \xrightarrow{nAN}$$
$$\qquad\qquad\qquad\quad | \qquad\qquad\qquad\qquad\qquad |$$
$$\qquad\qquad\qquad\ CN \qquad\qquad\qquad\qquad\qquad CN$$

$$H_3CO\!\!\left(\!CH_2\!-\!CH\!\right)_{\!n}\!CH_2\!CH^- \ Na^+ \xrightarrow{终止} 聚合物$$
$$\qquad\qquad | \qquad\qquad |$$
$$\qquad\quad\ CN \qquad\quad\ CN$$

【试剂和仪器】

无水甲醇、95％乙醇、金属钠、丙烯腈(新蒸)、石油醚、甲苯、锥形瓶、双颈圆底烧瓶、冷凝管、恒温磁力搅拌器、冰盐浴、注射器。

【实验步骤】

1. 甲醇钠的制备

装好反应装置(图 7-1),抽真空、充氮气数次,用注射器加入 25 mL 无水甲醇,在氮气保护下,加入切成小块的金属钠 2 g,加热升温,回流反应 1 h,停止加热,得到无色的甲醇钠溶液,密封备用。

2. 丙烯腈的聚合

(1) 在一带有翻口塞、磁力搅拌子的 50 mL 锥形瓶中,加入 20 mL 无水石油醚。

(2) 将锥形瓶放置在带磁力搅拌的低温冷阱(图 7-2)中,开动搅拌,用注射器加入丙烯腈单体 5 mL,保持温度−15 ℃,用注射器加入制备好的甲醇钠溶液 1 mL。

(3) 观察反应,反应约 45 min 后,加入 5 mL 乙醇继续搅拌 10 min,终止反应。

(4) 将产物抽滤,用少量乙醇洗涤,再用水洗至中性,干燥后称重,计算产率。

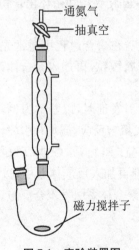

图 7-1　实验装置图

图 7-2　丙烯腈聚合装置设备:冷阱(带磁力搅拌)

【思考题】

(1) 试讨论本实验中的丙烯腈聚合是否为活性聚合?

(2) 如果实验中除氧、除水不够彻底,那么会对反应产生哪些影响?

7.2 苯乙烯的阳离子聚合

【实验目的】

了解阳离子聚合的机理和特点,掌握阳离子聚合实验的基本方法,理解阳离子聚合中催化剂的作用原理。

【实验原理】

阳离子聚合又称为正离子聚合,是指生长链活性中心为阳离子的聚合,是离子型聚合的一种类型。

双键碳原子上带有较强给电子基团的某些烯类单体可以进行阳离子聚合。能进行阳离子聚合的单体包括有强推电子取代基的乙烯基单体,如异丁烯、乙烯基醚等;有共轭效应基团的单体,如苯乙烯、丁二烯等;含氧、氮杂原子的环状化合物,如三聚甲醛、四氢呋喃等。在阳离子聚合中,链增长活性中心为阳离子,聚合反应所用催化剂是亲电试剂,它们都是电子接受体。引发方式有两种:一种是引发剂为阳离子引发剂,另一种是电荷转移配合物引发。例如,盐酸、硫酸等都可以提供 H^+ 并引发阳离子聚合,氟化硼、氯化铝、五氯化锑、氯化铁等也可以作为阳离子聚合的催化剂,Lewis 酸是最常用的阳离子聚合引发剂。在聚合体系非常纯净、绝对无水的条件下,除乙烯基醚类单体外,单用 Lewis 酸做催化剂往往不发生聚合,只有加入助催化剂后聚合才能发生。这是由于 Lewis 酸与助催化剂形成不稳定配合物,该配合物进一步分解出烷基阳离子,产生真正的活性中心,引发单体聚合。可做助催化剂的化合物有水、醇、某些酸、醚和卤代烷等,催化剂与助催化剂的复合过程与分解过程为

$$\text{BF}_3 + \text{HOH(R)} \Longleftrightarrow [\text{BF}_3 \cdot \text{HOH(R)}]^{\ominus} + \text{H}^{\oplus}$$

$$\text{SnCl}_4 + \text{RCl} \Longleftrightarrow [\text{RSnCl}_5]^{\ominus} + \text{R}^{\oplus}$$

对某一催化剂选用不同的助催化剂时,其催化活性是不同的。催化剂与助催化剂的比例不同时对聚合速率和分子量也会产生影响。在阳离子聚合过程中,容易发生重排,如 3-甲基-1-丁烯,在聚合过程中,每一步加成都可能发生仲碳正离子重排成更稳定的叔碳正离子。

阴离子活性链因为不能发生双分子终止,比较容易发生链转移,反应形式多样,所以链转移是活性链终止的主要方式。在本实验中,苯乙烯为单体,苯为溶剂,三氟化硼合乙醚溶液为催化剂,单体及溶剂内少量的水为助催化剂。

阳离子聚合对杂质极为敏感,杂质可能对反应起助催化作用,可能对反应起阻聚作用。此外,杂质还能起链转移或终止作用。因此,阳离子聚合在工业生产中的应用实例很少,丁基橡胶生产是其应用的一个实例。

【试剂和仪器】

苯乙烯、三氟化硼合乙醚溶液、苯、甲醇、高纯氮气、双口烧瓶、烧杯、注射器、双排管系统、抽滤瓶。

【实验步骤】

干燥塔中装 4A 分子筛(500 ℃马弗炉中活化),接入纯氮气钢瓶。双排管的一根管接纯氮气钢瓶干燥塔,另一根管接真空泵,对端接洗净烘干的 100 mL 聚合用烧瓶。抽真空,通氮气,反复三次以除尽烧瓶中的空气。

从双排管系统中取下烧瓶,用注射器依次加入 8 mL 苯、10 mL 苯乙烯,在 20 ℃以下加入 0.2 mL 6.3% 的三氟化硼合乙醚溶液,轻轻摇动烧瓶,使反应物混合均匀。反应很快进行,当感到烧瓶有些烫手时,应立即把烧瓶浸入事先准备好的冷水中,使体系温度降至约 40 ℃,待反应平稳后,放置 1.5~2 h,得到透明黏稠溶液。然后将聚合物溶液倒入盛有 120 mL 甲醇的烧杯中,边倒边搅拌。倒完后,用 5 mL 苯冲洗烧瓶,冲洗液也一并倒入甲醇中。搅拌一段时间后,聚合物呈疏松沉淀析出,用布氏漏斗抽滤,晾干后放入烘箱中,约 80 ℃烘至恒重,计算产率。

【注意事项及说明】

(1) 必须仔细地精制和干燥实验用的所有原料和仪器。

(2) 用高纯氮气 99.99% 保护。

(3) 反应体系须保持无水无氧状态。

(4) 化学纯三氟化硼合乙醚溶液中 BF_3 含量为 46.8%~47.8%,临使用前应在氮气保护下用苯稀释至 6.3%。另外,其在久置后颜色变得较深,故要重新蒸馏,收集 124~126 ℃馏分。

(5) 加入催化剂时体系温度以低于 20 ℃为宜。

【思考题】

(1) 为什么催化剂与助催化剂比例不当会浪费催化剂?

(2) 阳离子聚合反应有什么特点? 反应中影响产物聚合度的因素有哪些?

(3) 阳离子聚合为什么要在低温下进行?

实验 8　聚合物基复合材料的制备及分析测试

8.1　聚苯胺/蒙脱土复合材料的制备

【实验目的】

了解聚苯胺(PANI)结构、性质、研究现状和聚苯胺/蒙脱土复合材料的制备方法。

【实验原理】

聚苯胺是高分子化合物的一种,具有特殊的电学、光学性质,经掺杂后可具有导电性及电化学性能。作为功能高分子材料,其性能特殊、环境稳定性优越,既有金属的导电性能,又具有塑料的密度及加工性,还具备独特的光学、化学与电化学等方面的性能。在聚苯胺的分子链中,有大量的胺基基团和亚胺基基团存在,掺杂后的聚苯胺分子链中带电的和不带电的氮原子交替出现,由于不带电的氮原子中有孤对电子,这使其能和带有空轨道的金属离子相互发生作用。而带有正电的氮原子因为有酸根离子掺杂,使得它能够与离子发生交换作用,所以聚苯胺可以用来吸附污水中的有毒或有害物质,即可作为吸附剂使用。目前,聚苯胺因其具有原料易得、合成工艺简单、化学及环境稳定性好等优点而得到广泛的研究和应用。

蒙脱土主要以蒙脱石的形式存在于自然中,是一种含少量碱金属和碱土金属的硅酸盐矿物,为层状结构,其基本的晶体结构有两种:一种是硅-氧四面体,另一种是由铝-氧和氢氧组成的八面体,其层间带有负电荷,所以能吸收 K^+、Na^+ 等阳离子,能与阳离子发生交换。这种形态与结构使蒙脱土具有许多工艺特性,如阳离子可交换性、稳定与膨胀性、亲水性和触变性等。因其有较大的比表面积和吸附容量等,故在色谱载体、吸附剂、电子器件等方面得到了广泛应用。

聚苯胺具有选择性吸附能力,但是与蒙脱土相比,其吸附能力有限。聚苯胺与蒙脱土复合不但可以提高其吸附效果,而且复合材料与蒙脱土相比,更容易在水溶液中分离。本实验中,采用氧化剂过硫酸铵氧化苯胺盐酸盐制得聚苯胺,通过固相研磨法制备聚苯胺/蒙脱土复合材料,进一步研究复合材料对染料亚甲基蓝的吸附性能。

【试剂和仪器】

过硫酸铵、苯胺盐酸盐、蒙脱土、乙醇、研钵。

【实验步骤】

(1) 将 0.09 g 苯胺盐酸盐加入到玛瑙研钵中充分研磨 10 min,体系呈粉末状,随后加入 2.91 g 蒙脱土,继续研磨 10 min 后体系呈白色,最后加入氧化剂过硫酸铵 0.156 g,苯胺盐酸盐和过硫酸铵的物质的量之比为 1 : 1。

(2) 在室温下研磨 1 h 左右,混合体系呈墨绿色,停止研磨,将粉末倒入表面皿中并在室温中静置 24 h。

(3) 静置好的粉末用乙醇润洗 3 次后再用去离子水润洗,直到上层离心液呈现无色,最后在 40 ℃恒温干燥箱中干燥 48 h 后研磨备用。

(4) 亚甲基蓝溶液标准曲线的绘制。

① 测定亚甲基蓝干燥减量。

因亚甲基蓝在干燥过程中发生性质变化,应在未干燥情况下使用,故在配制溶液前需对它的干燥减量进行测定。

用电子天平准确称取 1.000 g 亚甲基蓝并置于电热恒温干燥箱中,在 105 ℃下干燥 4 h 后测定其干燥减量(E),测定结果为 $E=14.22\%$。

亚甲基蓝未干燥品的取用量按下式计算

$$m_1 = \frac{m}{p \times (1-E)} \tag{8-1}$$

式中,m_1 为未干燥的亚甲基蓝的质量,单位为 g;m 为亚甲基蓝干燥品的取用量,单位为 g;E 为干燥减量,%;p 为亚甲基蓝纯度,%。

② 配制亚甲基蓝系列标准溶液。

准确称取按式(8-1)计算出与所需亚甲基蓝干燥品质量 0.500 g 相当的未干燥品,将称取的亚甲基蓝溶解在 60±10 ℃水中,待全部溶解后,冷却到室温并移入 1000 mL 的容量瓶中,稀释至标线。另外分别移取适量该溶液配制成系列标准溶液。

③ 绘制亚甲基蓝溶液标准曲线。

查阅文献可知,亚甲基蓝吸收光谱曲线的最大吸收波长为 664 nm,用紫外分光光度计测定系列标准溶液在此处的吸光度值,测定结果如表 8-1 所示。标准原溶液的浓度为 531 mg/L。

表 8-1 亚甲基蓝溶液浓度与吸光度的关系

序号	1	2	3	4	5	6	7	8	9	10	11
稀释倍数	40	60	80	100	160	200	400	1000	2000	5000	10000
吸光度	1.873	1.215	1.07	0.87	0.560	0.442	0.220	0.092	0.037	0.014	0.008

配制一系列不同质量浓度的亚甲基蓝标准溶液,本实验选取的分别是 5 mg/L、10 mg/L、15 mg/L、20 mg/L、25 mg/L、30 mg/L,亚甲基蓝溶液最大的吸收波长为 664 nm,以去离子水为空白,将各浓度的溶液依次在 λ 为 664 nm 处测吸光度,然后以浓度为横坐标、吸光度为纵坐标绘制亚甲基蓝溶液的标准曲线。

(5) 样品对亚甲基蓝溶液的吸附性能测试。

　　称取 0.03 g 吸附剂加入到离心管中,再加入 18 mL 的亚甲基蓝溶液,混合均匀后放入振荡机中以中等速率在室温下振荡 1 h,然后离心至上层液中不含吸附剂。用吸管吸取一定量的上层液并加入到比色皿中,紫外分光光度计的波长设定为 664 nm,测其吸光度,图 8-1 中亚甲基蓝溶液标准曲线的斜率为 6.9463,根据曲线斜率可计算出不同吸光度下的溶液浓度,再通过式(8-2)计算吸附量

$$q = \frac{(C_0 - C)V}{m} \tag{8-2}$$

式中,吸附剂的吸附量 q,单位为 mg/g,表示每克干吸附剂所吸附亚甲基蓝的毫克数;C_0、C 的单位为 mg/L,表示吸附前后溶液的质量浓度;V 为溶液的体积,单位为 L;m 为吸附剂的质量,单位为 g。

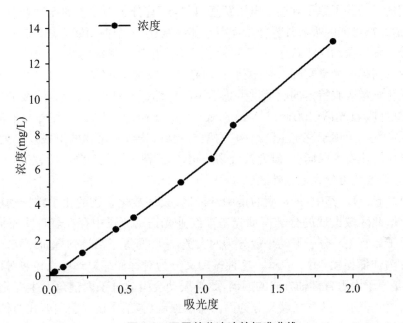

图 8-1　亚甲基蓝溶液的标准曲线

【注意事项】

　　研磨一定要充分,亚甲基蓝的吸收波长为 664 nm。

【思考题】

　　(1) 简述聚苯胺的结构和性质。

　　(2) 简述聚苯胺/蒙脱土复合材料对染料亚甲基蓝的吸附机理?

8.2　复合材料的红外光谱分析

【实验目的】

了解红外光谱法分析聚合物结构的原理及其应用范围;掌握红外光谱仪的操作方法。

【实验原理】

物质的分子都是由原子通过化学键连接起来而组成的。分子的原子与化学键都处于不断的运动中,它们的运动除了原子外层价电子跃迁以外,还有分子中原子的振动和分子本身的转动。这些运动形式都可能因吸收外界能量而引起能级跃迁,一个振动能级常包含有很多转动分能级,所以在分子发生振动能级跃迁时,不可避免地会发生转动能级的跃迁。因此,无法测得纯振动光谱,通常所测得的光谱实际上是振动-转动光谱,简称振动光谱。当红外光照射到物质上时,其中的不同化学键吸收特定的能量发生化学键的伸缩振动和剪切振动,连续的红外光照射可得到物质的红外吸收光谱(Infrared Absorption Spectroscopy,IAS)。红外光谱法是研究聚合物结构的重要手段,可用于鉴定主链结构、构型与构象;分析共聚物的组成及序列分布;测定聚合物的结晶度、支化度和取向度;研究聚合物的相转变;探讨老化与降解历程等。

红外辐射光的波数可分为近红外区($10000 \sim 4000$ cm^{-1})、中红外区($4000 \sim 400$ cm^{-1})和远红外区($400 \sim 10$ cm^{-1})。其中,最常用的是中红外区,大多数化合物的化学键振动能的跃迁都发生在这一区域,此区域出现的分子振动光谱即红外光谱。分子中存在着许多不同类型的振动,其振动与原子数有关。分子振动一般分为两大类:一类是原子沿键轴方向伸缩,使键长发生变化的振动,称为伸缩振动,用 v 表示。这种振动又分为对称伸缩振动(v_s)和非对称伸缩振动(v_{as})。另一类是原子沿垂直键轴方向的振动,此类振动会引起分子内键角发生变化,称为弯曲(或变相)振动,用 δ 表示。这种振动又分为面内弯曲振动(包括平面摇摆和剪式两种振动)和面外弯曲振动(包括非平面摇摆和扭曲两种振动)。

原子或分子中的每一种振动形式都对应一定的频率,但并不是每一种振动都会和红外辐射发生相互作用,从而产生红外吸收光谱,只有能引起分子偶极矩变化的振动(称为红外活性振动)才能产生红外吸收光谱。红外吸收谱带的强度既与分子数有关,也与分子振动时偶极矩的变化有关。偶极矩变化率越大,吸收强度也越大,如极性基团羰基、氨基均有很强的红外吸收带。

利用红外光谱鉴定化合物的结构,通常将红外区分为四个区,以下对各个光谱区域进行介绍。

(1) X—H 伸缩振动区(X 代表 C、O、N、S 等原子)频率在 $4000 \sim 2500$ cm^{-1},该区主要包括 O—H、N—H、C—H 等的伸缩振动。O—H 的伸缩振动在 $3700 \sim 3300$ cm^{-1},氢键的存在使频率降低、谱峰变宽,它是判断有无醇、酚和有机酸的重要依据;C—H 的伸缩振动分为饱和烃和不饱和烃两种,饱和烃 C—H 的伸缩振动在 3000 cm^{-1} 以下,不饱和烃 C—H 的伸缩振动(包括烯烃、炔烃、芳烃)在 3000 cm^{-1} 以上。因此,3000 cm^{-1} 是区分饱和烃和不饱和烃的分界线。N—H 的伸缩振动在 3500~3300 cm^{-1} 区域,它和 O—H 谱带重叠,但峰比 O—H 尖锐。伯、仲胺和伯、仲酰胺在该区都有吸收谱带。

(2) 叁键和累积双键区的频率在 2000~1500 cm^{-1},该区域主要包括 C≡C、C≡N 等叁键的伸缩振动和 C=C=C、C=C=O 等累积双键的反对称伸缩振动。

(3) 双键伸缩振动区的频率在 2000~1500 cm^{-1},该区主要包括 C=C、C=O、C=N、N=O 等的伸缩振动,以及苯环的骨架振动、芳香族化合物的倍频谱带。羰基的伸缩振动在 1600~1900 cm^{-1},所有的羰基化合物,如醛、酮、羧酸、酯、酰卤、酸酐等在该区都有非常强的吸收带,并且是谱图中的第一强峰,其特征非常明显,所以 C=O 的伸缩振动吸收带是判断有无羰基化合物的主要依据。C=O 伸缩振动吸收带的位置还和邻接基团有密切关系,所以对判断羰基化合物的类型有重要价值;C=C 的伸缩振动出现在 1600~1660 cm^{-1},一般情况下较弱。芳烃的 C=C 的伸缩振动出现在 1500~1480 cm^{-1} 和 1600~1590 cm^{-1} 两个区域。这两个峰是鉴别有无芳烃存在的标志之一,一般前者谱带比较强,后者比较弱。

(4) 部分单键振动及指纹区。1500~670 cm^{-1} 区域的光谱比较复杂,出现的振动形式很多,除极少数较强的特征谱带外,一般难以找到它的归属。有用的特征谱带有 C—H、O—H 的变形振动和 C—O、C—N、C—X 等的伸缩振动。

饱和的 C—H 弯曲振动包括甲基和亚甲基两种。甲基的弯曲振动有对称、反对称面内弯曲振动和面外弯曲振动。其中,以对称面内弯曲振动为特征,吸收谱带在 1370~1380 cm^{-1} 受取代基影响很小,可以作为判断有无甲基存在的依据。亚甲基的弯曲振动有 4 种方式,其中面外弯曲振动在结构分析中很有用,当 4 个或 4 个以上的 —CH$_2$— 基成直链相连时,—CH$_2$— 的面外弯曲振动出现在 722 cm^{-1},随着 —CH$_2$— 个数的减少,吸收谱带向高波数方向位移,由此可推断分子链的长短。

在烯烃的 =C—H 弯曲振动中,波数在 1000~1800 cm^{-1} 的面外弯曲振动最为有用,可借助这些吸收峰鉴别各种取代烯烃的类型。

在芳烃的 C—H 弯曲振动中,900~650 cm^{-1} 处的面外弯曲振动对于确定苯环的取代类型而言是很有用的,甚至可以利用这些峰对苯环的邻、间、对位的异构体混合物进行定量分析。

C—O 伸缩振动常常是该区中最强的峰,易识别,一般醇的 C—O 的伸缩振动在 1200~1000 cm^{-1},酚的 C—O 的伸缩振动在 1300~1200 cm^{-1},酯醚中有 C—O—C 的对称伸缩振动和反对称伸缩振动,反对称伸缩振动比较强。

C—Cl 和 C—F 的伸缩振动都有强吸收,前者出现在 800~600 cm^{-1},后者出现在 1400~1000 cm^{-1}。

实验得到的红外光谱图是以吸收光的波数 v(cm^{-1})为横坐标,表示各种振动的谱带位置;以透射百分率或吸光度为纵坐标,表示吸收强度。根据吸收峰的位置、吸收峰的移动规律、谱带的强度可以进行光谱分析。

【试剂和仪器】

光谱级溴化钾、聚苯胺/蒙脱土粉末(自制)、玛瑙研钵、红外烤箱、压片机、6380 型红外光谱仪(图 8-2)。

图 8-2　压片机及红外光谱仪主机

【实验步骤】

1. 溴化钾压片

将光谱级的溴化钾(KBr)和聚合物在研钵中研细,直至粉末黏在研钵上,取研好的混合粉末适量并放在专用模具上,压片机上压片(压力为 30 MPa 左右,时间为 1 min)。要求压片不可太厚。

2. 红外光谱测量

·(1) 开机:打开仪器光学台的电源开关,打开计算机的电源开关,双击"OMNIC"图标,打开"OMNIC"窗口。

(2) 收集样品的光谱图。设定光谱收集参数。扫描次数:32;光谱分辨率:4;扫描范围:$4000\sim400\ cm^{-1}$。收集样品光谱:单击菜单"Collect Sample",然后按屏幕提示进行操作,在出现"请准备样品采集"提示时,将制好的样品插入样品支架上,然后选择"确定"。

(3) 采集仪器本底(即扣除背景)。

(4) 将被测样品或制成的片子放在样品架上,放入样品室内。

(5) 采集被测样品的吸收率谱图。

3. 样品谱图的处理及打印

(1) 光谱处理:A 平滑,B 做基线校正,C 标峰。

(2) 光谱数据打印:按"打印机"工具按钮,即可打印。

(3) 样品吸收率谱图的谱库检索:按"SEARCH"进入谱库检索命令,再按 F 键、L 键、S 键查找。

4. 作图

使用软件作图,分析图谱。

【注意事项】

(1) 解析时应兼顾吸收峰的位置、强度和峰形,其中峰的位置最为重要。

(2) 注意相互印证。

(3) 一个基团的几种振动吸收峰的相互印证,如烯烃。

（4）相关基团振动吸收峰之间的相互印证，如醛、酸。

（5）不要忽略一些带有结构特征信息的弱峰。

（6）注意区别和排除非样品谱带的干扰。

（7）解析只是对于特征有用的谱带而言的，并不是谱图中的每一个吸收峰都能得到归属。

（8）单凭红外光谱解析很难完全确定有机化合物的结构。

【思考题】

（1）正确解析红外光谱必须遵循哪些原则？

（2）决定峰强的因素有哪些？

（3）影响频率位移的因素有哪些？

（4）为什么选用溴化钾制作压片？

8.3　扫描电子显微镜观察聚合物的形貌

【实验目的】

了解扫描电镜的工作原理和结构；掌握扫描电镜的基本操作、扫描电镜样品的制备方法。

【实验原理】

1. 扫描电子显微镜的构造和工作原理

扫描电子显微镜（Scanning Electronic Microscopy，SEM），又称扫描电镜，是介于透射电镜和光学显微镜之间的一种微观形貌观察手段，扫描电镜的优点是：①有较高的放大倍数，20万～30万倍连续可调；②有很大的景深，视野大，成像富有立体感，可直接观察各种试样凹凸不平的表面细微结构；③试样制备简单。目前的扫描电镜都配有 X 射线能谱仪装置，这样可以同时进行显微组织形貌的观察和微区成分分析，所以它与透射电镜一样是十分有用的科学研究仪器。

扫描电镜的电子光学系统包括电子枪、电磁透镜、扫描线圈和样品室（图 8-3）。各个电磁透镜不作为成像透镜用，而是起到将电子束逐级缩小的聚光作用。一般有三个聚光镜，前两个是强磁透镜，可把电子束缩小；第三个透镜是弱磁透镜，具有较长的焦距，以便使样品和透镜之间留有一定的空间，能装入各种信号接收器。扫描电镜中射到样品上的电子束直径越小，就相当于成像单元的尺寸越小，相应的放大倍数则越高。

扫描线圈的作用是使电子束偏转，并在样品表面做有规则的扫动。电子束在样品上的扫描动作和显像管上的扫描动作严格保持同步，因为它们是由同一个扫描发生器控制的。电子束在样品表面有两种扫描方式：光栅扫描和角光栅扫描。进行形貌分析时都采用光栅扫描方式，当电子束进入上偏转线圈时，方向发生转折，随后又有下偏转线圈使它的方向发生第二次转折。经过两次偏转的电子束通过末级透镜的光心射到样品表面。在电子束偏转的同时还兼带逐行扫描的动作,电子束在上下偏转线圈的作用下,在样品表面扫描出方形区域,相应地在样品上也画出一帧比例图像。样品上各点受到电子束轰击时发出的信号经过信号探测器收集,并通过显示系统在屏幕上按强度描绘出来。电子束经上偏转线圈转折后未经下偏转线圈改变方向,而直接由末级透镜折射到入射点位置,这种扫描方式称为角光栅扫描或摇摆扫描。若入射电子束被上偏转线圈转折的角度越大,则电子束在入射点上摇摆的角度也越大。在进行电子束通道花样分析时,采用角光栅扫描方式。

样品室内除放置样品外,还安置信号探测器。样品台本身是个复杂且精密的组件,它能夹持一定尺寸的样品,并能使样品做平移、倾斜和旋转等运动,以利于对样品上的某一特定位置进行各种分析。

二次电子、背散射电子、透射电子的信号都可采用闪烁计数器来进行检测。信号电子进入闪烁体后即引起电离,当离子和自由电子复合后就会产生可见光。可见光信号通过光导管送入光电倍增器,光信号放大,即又转化成电流信号输出,电流信号经视频放大器放大后就成为调制信号。因为镜筒中的电子束和显像管中的电子束是同步扫描的,而荧光屏上每一点的亮度是根据样品上被激发出来的信号强度来调制的,所以样品上各点的状态各不相同,所接收的信号也不相同,于是就可在显像管上看到一幅反映样品各点状态的扫描电子显微图像。

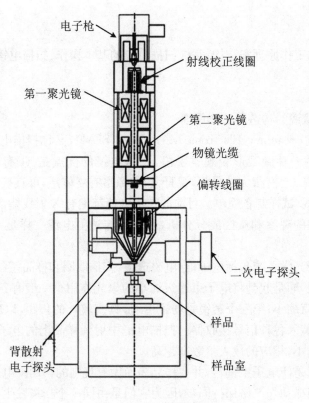

图 8-3　扫描电镜结构图

2. 电子束与固体样品的相互作用

(1) 背射电子是指被固体样品原子反射回来的一部分入射电子,包括弹性背反射电子和非弹性背反射电子。弹性背反射电子是指被样品中原子反弹回来的、散射角大于 90° 的那些入射电子,其能量基本上没有变化(能量为数千到数万电子伏特)。非弹性背反射电子指的是入射电子和核外电子撞击后发生非弹性散射,不仅能量发生变化,方向也发生变化。非弹性背反射电子的能量范围很宽,从数十电子伏特到数千电子伏特。从数量上看,弹性背反射电子远比非弹性背反射电子所占的份额多。背反射电子的产生范围在 100 nm～1 mm 深度。

(2) 二次电子是指被入射电子轰击出来的核外电子。由于原子核和外层价电子间的结合能很小,当原子的核外电子从入射电子获得了大于相应的结合能的能量后,可脱离原子成为自由电子。如果这种散射过程发生在比较接近样品表层的地方,那些能量大于材料逸出功的自由电子便可从样品表面逸出,变成真空中的自由电子,即二次电子。二次电子来自表面 5～10 nm 的区域,能量为 0～50 eV。它对试样表面状态非常敏感,能有效地显示试样表面的微观形貌。因为它发自试样表层,入射电子还没有被多次反射,产生二次电子的面积与入射电子的照射面积没有多大区别,所以二次电子的分辨率较高,一般可达到 5～10 nm。扫描电镜的分辨率一般就是二次电子的分辨率。

(3) 特征 X 射线是指原子的内层电子受到激发以后在能级跃迁过程中直接释放的具有特征能量和波长的一种电磁波辐射。X 射线一般在试样的 500 nm～5 mm 深处发出。

(4) 如果原子内层电子在能级跃迁过程中释放出来的能量不是以 X 射线的形式,而是用该能量将核外另一电子打出,使其脱离原子变为二次电子,那么这种二次电子就被称为俄歇电子。因为每一种原子都有自己特定的壳层能量,所以它们的俄歇电子能量也各有特征值,能量在 50～1500 eV 范围内。俄歇电子是从试样表面极有限的几个原子层中发出的,这说明俄歇电子信号适用于表层化学成分分析。

3. 扫描电子显微镜的主要性能

(1) 扫描电镜的分辨率的高低与检测信号的种类有关,如表 8-2 所示。

表 8-2　各种信号的成像分辨率(单位:nm)

信号	二次电子	背散射电子	吸收电子	特征 X 射线	俄歇电子
分辨率	5～10	50～200	100～1000	100～1000	5～10

由表 8-2 数据可知,二次电子和俄歇电子的分辨率高,而特征 X 射线调制成显微图像的分辨率低。影响分辨率的主要因素包括:入射电子束斑的大小、成像信号(二次电子、背散射电子等)。因为俄歇电子和二次电子本身能量低以及平均自由程很短,所以一般样品表面 0.5～2 nm 范围内激发俄歇电子,5～10 nm 范围内激发二次电子。因为入射电子束进入浅层表面时,尚未向横向扩展,俄歇电子、二次电子只能在一个和入射电子束斑直径相当的圆柱体内被激发出来,所以这两种电子分辨率很高。在样品深处激发出来的背散射电子、特征 X 射线因为横向扩散较大,使其成像单元的尺度增大,所以分辨率低。

(2) 扫描电镜的场深是指电子束在试样上扫描时,可获得清晰图像的深度范围。当一束微细的电子束照射在表面粗糙的试样上时,由于电子束有一定发散度,除焦平面处,电子束将展宽,场深与放大倍数、孔径光阑有关。

(3) 当电子束做光栅扫面时,若电子束在样品表面扫描的幅度为 A_s,相应的在荧光屏上阴极射线同步扫描的幅度是 A_c，A_c 和 A_s 的比值就是扫描电镜的放大倍数 M。

$$M = \frac{A_c}{A_s}$$

【试样和仪器】

聚苯胺/蒙脱土粉末（自制）、S-3000W 型扫描电子显微镜。

【试样制备要求】

1. 对试样的要求

试样可以是块状或粉末颗粒，在真空中能保持稳定。含有水分的试样应先烘干，以除去水分，或使用临界点干燥设备进行处理。表面受到污染的试样，应在不破坏试样表面结构的前提下进行适当清洗，然后烘干。新断开的断口或断面一般不需要进行处理，以免破坏断口或表面的结构状态。有些试样的表面、断口需要进行适当的侵蚀，才能暴露某些结构细节，应在侵蚀后将表面或断口清洗干净，然后烘干。磁性试样要预先去磁，以免观察时电子束受到磁场影响。试样大小要适合仪器专用样品座的尺寸，不能过大。样品座尺寸因仪器不同而不尽相同，一般小的样品座为 $\Phi 3 \sim 5$ mm，大的样品座为 $\Phi 30 \sim 50$ mm，分别用来放置不同大小的试样。样品的高度也有一定的限制，一般在 $5 \sim 10$ mm。

2. 块状试样的制备

制备扫描电镜的块状试样是比较简便的。块状导电材料除了大小要适合仪器样品座尺寸以外，基本上无需进行制备，用导电胶把试样粘在样品座上，即可放在扫描电镜中观察。块状的非导电或导电性较差的材料，要先进行镀膜处理，在材料表面形成一层导电膜，以避免电荷积累，影响图像质量，并防止试样的热损伤。

3. 粉末试样的制备

先将导电胶或双面胶纸粘在样品座上，再把粉末样均匀地撒在上面，用洗耳球吹去未粘住的粉末，再镀上一层导电膜，即可上扫描电镜观察。

4. 镀膜

镀膜的方法有两种，一种是真空镀膜，另一种是离子溅射镀膜。离子溅射镀膜的原理是：在低气压系统中，气体分子在相隔一定距离的阳极和阴极之间的强电场作用下电离成阳离子和电子，阳离子飞向阴极，电子飞向阳极，两电极间形成辉光放电，在辉光放电过程中，具有一定动量的阳离子撞击阴极，使阴极表面的原子被逐出，称为溅射。若阴极表面为用于镀膜的材料（靶材），将需要镀膜的样品放在作为阳极的样品台上，则被阳离子轰击而溅射出来的靶材原子沉积在试样上，形成一定厚度的镀膜层。离子溅射时常用的气体为惰性气体氩，要求不高时，也可以用空气，气压约为 5×10^{-2} Torr（1 Torr＝133.322 Pa）。与真空镀膜相比，离子溅射镀膜的主要优点是：

（1）装置结构简单，使用方便，溅射一次只需几分钟，而真空镀膜则要 30 min 以上。

（2）消耗贵金属少，每次仅需几毫克。

（3）对于同一种镀膜材料而言，离子溅射镀膜的质量好，能形成颗粒更细、更致密、更均匀、附着力更强的膜。

【实验步骤】

（1）试样制备。

（2）样品的观察。

① 打开水源,接通电源。

② 开启扫描电镜控制开关。

③ 放气,将待测样品放入样品室。

④ 抽真空,真空度达到要求后,加高压,即可进行观察。

⑤ 针对感兴趣的区域,适当增加放大倍数,通过焦距的调节,获取清晰图像。

【结果处理】

观察聚合物形貌并对其进行分析。

【思考题】

（1）扫描电镜与透射电镜在仪器构造、成像机理和用途上有什么不同?

（2）分析扫描电镜所得到的聚合物样品形态图。

实验9　原子转移自由基聚合法制备双亲水嵌段共聚物及其分子量的测定

9.1　双亲水嵌段共聚物的制备

【实验目的】

了解原子转移自由基聚合的基本原理;掌握嵌段共聚物的制备方法。

【实验原理】

1. 原子转移自由基聚合

自由基聚合相对于离子聚合有更多的优点,对单体的选择性低,绝大多数烯类单体可以进行自由基聚合;适用的聚合反应方法多,可用本体聚合、溶液聚合、悬浮聚合、乳液聚合等多种方法;反应条件温和,反应温度在室温至 150 ℃;引发方式多样。基于自由基聚合有如此多的优点,如果能实现自由基的活性聚合,那么将容易制备出多种分子结构可控、分子量分布窄、分子链缺陷少的聚合物,为大分子设计提供更方便的实验技术。

自由基很活泼,极易发生终止反应,严格的自由基活性聚合难以实现,但当自由基浓度很低时,终止速率相对于增长速率可忽略。

$$R_t/R_p = (K_t/K_p) \times [P \cdot]/[M] \tag{9-1}$$

控制活性自由基的浓度,可以实现自由基可控聚合。增长反应活化能高于终止反应活化能,由式(9-1)可知,提高温度使终止速率与增长速率的比值下降,有利于自由基可控聚合。

实际操作中,要使自由基聚合成为可控聚合,聚合反应体系中必须具有低且恒定的自由基浓度。对于增长自由基浓度而言,终止反应为动力学二级反应,而增长反应为动力学一级反应。既要维持聚合反应速率(自由基浓度不能太低),又要确保反应过程中不发生活性种失活现象(消除链终止、链转移反应),则需要解决两个问题:一是自聚合反应开始到反应结束始终控制低的反应活性种浓度;二是在如此低的反应活性种浓度的情况下,如何避免聚合所得的聚合物聚合度过大而使产物不能设计。

$$DP_n = [M_0]/[P \cdot] = 1/10^{-8} = 10^8 \tag{9-2}$$

为解决这一矛盾,可以在活性种与休眠种之间建立快速交换反应,即建立一个可逆的平衡反应。

$$P{-}X\underset{k_{\text{deact}}}{\overset{k_{\text{act}}}{\rightleftharpoons}}P\cdot \quad \rightarrow \quad k_{\text{p}}$$
$$\text{（休眠）} \qquad \text{（活化）} \qquad (+M)$$
$$\text{可逆活化}$$

反应物 X 不能引发单体聚合，但可以与自由基 P· 迅速作用并发生钝化反应，生成一种不会引发单体聚合的"休眠种"P-X，而此休眠种在实验条件下又可均裂成增长自由基 P· 与 X。这样，体系中存在的自由基活性种浓度将取决于 3 个参数：反应物 X 的浓度、活化速率常数 k_{a}、钝化速率常数 k_{d}。其中，反应物 X 的浓度被认为是可以控制的。研究表明，如果钝化反应和活化反应的转换速率足够快（不小于链增长速率），那么在活性种浓度很低的情况下，聚合物相对分子质量将由 P· 改为 P-X 决定。

$$\overline{DP} = [\mathrm{M_0}] \times C\% / [\mathrm{P-X}] \tag{9-3}$$

由此可见，借助 X 的快速平衡反应不但能将其自由基浓度控制得很低，而且可以控制产物的相对分子质量。因此，可控自由基聚合成为可能。但上述方法只是改变了自由基活性中心的浓度而没有改变其反应的本质，所以只是一种可控聚合而不是真正意义上的活性聚合。为了区别真正意义上的活性聚合，人们通常将这类宏观上类似于活性聚合的聚合方法称为活性/可控聚合。

1995 年，研究人员首次提出了原子转移自由基聚合（ATRP）。与传统的活性阴、阳离子聚合相比，ATRP 适应的单体范围更广，原料易得，实施条件比较温和，所以它立即得到了各国科学家的关注。其聚合机理为

$$\mathrm{R{-}X} + M_t^n{-}\mathrm{Y}/\text{配体} \underset{k_{\text{da}}}{\overset{k_{\text{a}}}{\rightleftharpoons}} \mathrm{R}\cdot + \mathrm{X{-}}M_t^{n+1}{-}\mathrm{Y}/\text{配体}$$
$$\qquad\qquad k_{\text{p}} \uparrow \qquad\qquad\qquad\quad \cdots\cdots\rightarrow$$
$$\text{单体} \qquad\qquad\qquad\quad \text{终止}$$

原子转移平衡常数

$$K_{\text{eq}} = K_{\text{a}} / K_{\text{da}} \tag{9-4}$$

自由基或活性种是通过过渡金属配合物催化下的可逆氧化还原反应形成的。在这一过程中，过渡金属配合物发生单电子氧化，而休眠种 R—X 脱去一个（假）卤素原子形成活性种。这是一个可逆的过程，活化速率常数为 k_{a}，而休眠速率常数为 k_{da}。链增长方式与传统自由基聚合相似，其速率常数为 k_{p}。在 ATRP 聚合中，同样存在链终止，主要以双基偶合或歧化方式进行，速率常数为 k_{t}，但是在一个控制较好的 ATRP 聚合中，发生链终止的高分子链的比例应为百分之几。通常典型的 ATRP 聚合中，在反应初期，即非稳定状态，发生链终止的活性链数量应低于总链数的 5%。另外，对于一个成功的 ATRP 聚合而言，不但要求链终止发生的程度低，而且所有的高分子链应同时进行链引发和链增长。为了达到这一目的，聚合体系需具有快速的引发和快速可逆的休眠反应。原子转移自由基聚合的动力学特点为

$$R_{\text{p}} = -\,\mathrm{d}[\mathrm{M}]/\mathrm{d}t = k_{\text{p}}[\mathrm{P}\cdot][\mathrm{M}] \tag{9-5}$$

$$-\,\mathrm{d}[\mathrm{M}]/[\mathrm{M}] = k_{\text{p}}[\mathrm{P}\cdot]\mathrm{d}t \tag{9-6}$$

[P·]恒定下，对式(9-6)积分可得

$$-\int_{[M]_0}^{[M]} \frac{\mathrm{d}[M]}{[M]} = k_p[P \cdot] \int_0^t \mathrm{d}t \tag{9-7}$$

$$\ln \frac{[M]_0}{[M]} = k_p[P \cdot]t \tag{9-8}$$

令 $k_p[P \cdot] = k_p^{app}$ 则

$$\ln \frac{[M]_0}{[M]} = k_p^{app}t \tag{9-9}$$

以 $\ln \dfrac{[M]_0}{[M]}$ 对 t 作图,得到一直线,其斜率为 k_p^{app}。

2. 双亲水嵌段共聚物

双亲水嵌段共聚物是指在同一个高分子链中含有不同化学结构的两种亲水性链段的聚合物,具有与一般嵌段共聚物不同的化学和物理性质。通常其中一个链段仅起到促溶作用,而另一个链段上的功能基团可与基质相互作用,此链段可以被设计成含有可与某些特定的药物、无机离子相互作用的功能基团的链段,从而实现药物的运输及对无机晶体生长进行调控等目的。一般情况下,嵌段共聚物都被设计成含有一个亲水性链段和一个疏水性链段的两性共聚物,从而实现共聚物在溶液中的组装等行为。但是,其在水溶液中的溶解性受到疏水链段的限制而不够理想,所以需要加入各种有机溶剂。而双亲水嵌段共聚物只需以水为溶剂就可很好地溶解,具有很好的环保性,符合当今技术的发展要求。在溶液中,双亲水嵌段共聚物的行为与一般的聚合物和聚电解质没有什么区别,也不会像两性共聚物那样可以在溶液中形成胶束或有使液体表面张力降低的作用。因为双亲水嵌段共聚物所表现出来的这种可以转化的两亲性,所以其在很多新领域具有广泛的应用前景。本实验以聚乙二醇单甲醚(mPEG)、甲基丙烯酸-N,N-二甲氨基乙酯(DMAEMA)制备双亲水嵌段共聚物 PEG-b-PDMAEMA,其聚合反应机理如下。

(1) 大分子引发剂 PEG-Br 的反应机理:

(2) PEG-b-PDMAEMA 的反应机理:

【试剂和仪器】

聚乙二醇单甲醚(mPEG)、三乙胺(TEA)、2-溴丙酰溴、二氯甲烷、乙醚、五甲基二亚乙基三胺(PMDETA)、4-二甲氨基吡啶(DMAP)、甲基丙烯酸-N,N-二甲氨基乙酯(DMAEMA)、苯甲醚、溴化亚铜(CuBr)、四氢呋喃、氧化铝、三口瓶、布氏漏斗、抽滤瓶、真空水泵、烧杯、表面皿、球型冷凝管、温度计、台秤、水浴锅、漏斗、滤纸、烘箱等。

【实验步骤】

(1) 将 mPEG 5 g 和二氯甲烷 20 mL 的混合液置于 250 mL 的圆底烧瓶中,加入 1.8 mol DMAP,在冰水浴条件下滴入 20 mL 混有 2.8 mL 三乙胺的二氯甲烷溶液,30 min 内滴完,随后滴入 20 mL 混有 1.8 mL 2-溴丙酰溴的二氯甲烷溶液,30 min 内滴完。整个过程在氮气的保护下进行,反应 48 h 后减压蒸馏,然后在大量的乙醚中得到沉淀物。真空抽滤之后将沉淀物在 20 ℃下真空干燥 24 h,得到大分子引发剂 PEG-Br 并对其进行红外表征。带有端羟基的 mPEG 可以与酰溴这种亲核试剂进行缩合反应,得到含功能基团的大分子引发剂 mPEG-Br。

(2) 依次将 PMDETA(0.0836 mL)、mPEG-Br(0.23 g)、DMAEMA(2.64 g)、苯甲醚(10 mL)、CuBr(0.0287 g)加入放有磁子的干燥的安瓿瓶中,用乳胶管密闭体系,搅拌几分钟后,反应体系变成浅绿色溶液,进行抽气、放气、抽气循环操作 3 次,然后在 30 ℃下反应 6 h,得到的混合液用四氢呋喃清洗,再过中性氧化铝柱以除去带颜色的铜离子,在 40 ℃水浴中旋转蒸馏一半以上溶液,将剩余液用乙醚清洗,得到的沉淀经真空干燥 12 h 后得到无色黏稠的双亲水性嵌段共聚物。

【注意事项】

为了获得高相对分子质量及窄分布的嵌段聚合物,需将体系中的水分、空气排净。

【数据处理】

根据聚合物质量,计算单体转化率,绘制转化率随时间的变化曲线。在此基础上,绘制出 ATRP 聚合动力学曲线。

根据凝胶渗透色谱仪的测定结果,绘制数均分子量以及分子量分布指数 PDI 随单体转化率变化的曲线。

【思考题】

(1) 活性聚合反应的特征是什么?
(2) 以 ATRP 为例,介绍自由基聚合反应获得活性/可控特征的原因?
(3) 实施活性聚合方法,为了顺利获得目标设计产物,应注意哪些事项?

9.2 凝胶渗透色谱法测定双亲水嵌段共聚物的分子量

【实验目的】

了解凝胶渗透色谱(GPC)的测量原理;初步掌握 GPC 的进样、淋洗、接收、检测等操作技术;掌握分子量分布曲线的分析方法,计算样品的数均分子量、重均分子量和多分散性指数。

【实验原理】

合成聚合物一般是由不同分子量的同系物组成的混合物,具有两个特点:分子量大和同系物的分子量具有多分散性。目前在表示某一聚合物分子量时一般同时给出其平均分子量和分子量分布。分子量分布是指聚合物中各同系物的含量与其分子量间的关系,可以通过聚合物的分子量分布曲线来描述。聚合物的物理性能与其分子量和分子量分布密切相关,所以对聚合物的分子量和分子量分布进行测定具有重要的科学和实际意义。同时,聚合物的分子量和分子量分布是由聚合过程的机理所决定的,通过聚合物的分子量、分子量分布与聚合时间的关系可以研究聚合机理和聚合动力学。测定聚合物分子量的方法有多种,如黏度法、端基分析法、超离心沉降法、动态/静态光散射法和凝胶渗透色谱法(GPC)等。测定聚合物分子量分布的方法主要有以下几种:

(1) 利用聚合物溶解度的分子量依赖性,将试样分成分子量不同的级分,从而得到试样的分子量分布,如沉淀分级法和梯度淋洗分级法。

(2) 利用聚合物分子链在溶液中的分子运动性质得出分子量分布,如超速离心沉降法。

(3) 利用聚合物体积的分子量依赖性得到分子量分布,如凝胶渗透色谱法(或体积排除色谱法)。

凝胶渗透色谱法具有快速、精确、重复性好等优点,已成为科研和工业生产领域测定聚合物分子量和分子量分布的主要方法。

1. 分离机理

GPC 是液相色谱的一个分支,其分离部件是一个以多孔性凝胶作为载体的色谱柱,凝胶的表面与内部含有大量彼此贯穿的大小不等的空洞。色谱柱总面积 v_t 由载体骨架体积 v_g、载体内部所有孔洞体积 v_i 和载体粒间体积 v_0 组成。GPC 的分离机理通常用空间排斥效应解释。待测聚合物试样以一定速率流经充满溶剂的色谱柱时,溶质分子向填料孔洞渗透,渗透概率与分子尺寸有关,分为以下三种情况:

(1) 高分子尺寸大于填料所有孔洞孔径,高分子只能存在于凝胶颗粒之间的空隙中,淋洗体积 $v_e = v_0$ 为定值;

(2) 高分子尺寸小于填料所有孔洞孔径,高分子可在所有凝胶孔洞之间填充,淋洗体积 $v_e = v_0 + v_i$ 为定值;

（3）高分子尺寸介于前两种之间，较大分子渗入孔洞的概率比小分子渗入的概率要小，在色谱柱中流程短，故在柱中停留的时间也短，从而达到分离的目的。当聚合物溶液流经色谱柱时，较大的分子被排除在粒子的小孔之外，只能从粒子间的间隙通过，速率较快；而较小的分子可以进入粒子中的小孔，通过的速率要慢得多。经过一定长度的色谱柱，分子根据相对分子质量而被分开，相对分子质量大的在前面（即淋洗时间短），相对分子质量小的在后面（即淋洗时间长）。自试样进柱到被淋洗出来，所接受到的淋出液总体积称为该试样的淋出体积。当仪器和实验条件确定后，溶质的淋出体积与其分子量有关，分子量愈大，其淋出体积愈小。分子的淋洗体积为

$$v_e = v_0 + Kv_i \tag{9-10}$$

式中，K 为分配系数，$0 \leqslant K \leqslant 1$，分子量越大，越趋于 1。在上述第（1）种情况时，$K=0$；在第（2）种情况时，$K=1$；在第（3）种情况时，$0 < K < 1$。综上所述，分子尺寸与凝胶孔洞直径相匹配的溶质分子，都可以在 v_0 至 $v_0 + v_i$ 淋洗体积之间按照分子量由大到小一次性被淋洗出来。

2. 检测机理

除了将分子量不同的分子分离开来以外，还需要测定其含量和分子量。实验中用示差折光仪测定淋出液的折光指数与纯溶剂的折光指数之差 Δn，因在稀溶液范围内 Δn 与淋出组分的相对浓度 Δc 成正比，故以 Δn 对淋洗体积（或时间）作图可表征不同分子的浓度。图 9-1 所示为以折光指数之差 Δn（浓度响应）对淋洗体积（或时间）作图得到的 GPC 示意谱图。

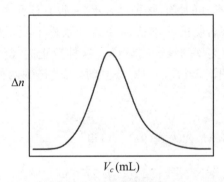

图 9-1　GPC 示意谱图

3. 校正曲线

用已知相对分子质量的单分散标准聚合物预先绘制一条淋洗体积或淋洗时间和相对分子质量对应关系曲线，该曲线称为校正曲线。聚合物中几乎找不到单分散的标准样，一般用窄分布的试样代替。在相同的测试条件下，绘制一系列的 GPC 标准谱图，对应不同相对分子质量样品的保留时间，以 $\lg M$ 对 t 作图，所得曲线即为校正曲线；用一组已知分子量的单分散性聚合物为标准试样，以它们的峰值位置的 V_e 对 $\lg M$ 作图，可得 GPC 校正曲线（图 9-2）。

由图 9-2 可见，当 $\lg M > a$ 与 $\lg M < b$ 时，曲线与纵轴平行，说明此时的淋洗体积与试样分子量无关。$(v_0 + v_i) \sim v_0$ 是凝胶选择性渗透分离的有效范围，即为标定曲线的直线部分，一般这部分的分子量与淋洗体积之间的关系可用简单的线性方程表示

$$\lg M = A + Bv_e \tag{9-11}$$

式中，A、B 为常数，与聚合物、溶剂、温度、填料及仪器有关，其数值可由校正曲线得到。

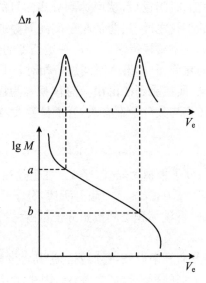

图 9-2　GPC 校正曲线示意图

有了校正曲线，就能通过 GPC 谱图计算出各种所需相对分子质量与相对分子质量分布的信息。聚合物中能够得到标准样的聚合物种类并不多，没有标准样的聚合物就不可能有校正曲线，因此人们希望借助某一聚合物的标准样品在某种条件下测得的标准曲线，再通过转换关系能在相同条件下用于其他类型的聚合物试样。这种校正曲线称为普适校正曲线。根据弗洛里（Flory）流体力学体积理论，当式（9-12）成立时，柔性链的两种高分子具有相同的流体力学体积

$$[\eta]_1 M_1 = [\eta]_2 M_2 \tag{9-12}$$

再将马克-霍温克方程 $[\eta]=KM^\alpha$ 代入式（9-12）可得

$$\lg M_2 = \frac{1}{1+\alpha_2}\lg\frac{K_1}{K_2} + \frac{1+\alpha_1}{1+\alpha_2}\lg M_1 \tag{9-13}$$

由此，若已知在测定条件下两种聚合物的 K、α 值，则可以根据标样的淋出体积与分子量的关系换算出试样的淋出体积与分子量的关系，只要知道某一淋洗体积的分子量 M_1，就可算出同一淋洗体积下其他聚合物的分子量 M_2。

4. 柱效率和分离度

与其他色谱分析方法相同，实际的分离过程是非理想的，同分子量试样在 GPC 上的谱图呈一定分布，即使是分子量完全均一的试样，其在 GPC 图谱上也有一个分布。采用柱效率和分离度能全面反映色谱柱性能的好坏。色谱柱的效率是采用理论塔板数 N 进行描述的。N 的测定方法是使用一种分子量均一的纯物质，如邻二氯苯、苯甲醇、乙腈和苯等进行 GPC 测定，得到的色谱峰如图 9-3 所示。

由图可得峰顶位置的淋出体积 V_R，峰底宽 W，则

$$N = 16(V_R/W)^2 \tag{9-14}$$

对于相同长度的色谱柱而言，N 值越大意味着柱子效率越高。

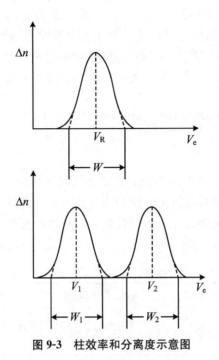

图 9-3　柱效率和分离度示意图

GPC 柱子性能的好坏不仅看柱子的效率，还要注意柱子的分辨能力，一般采用分离度 R 表示

$$R = \frac{2(V_2 - V_1)}{W_1 + W_2} \tag{9-15}$$

图 9-3 所示为完全分离的情形，此时 $R \geqslant 1$，当 $R < 1$ 时分离是不完全的。为了相对比较色谱柱的分离能力，定义比分离度 R_S，它表示分子量相差 10 倍时的组分分离度，其定义为

$$R_S = \frac{2(V_2 - V_1)}{(W_1 + W_2)(\lg M_{w1} - \lg M_{w2})} \tag{9-16}$$

【试剂和仪器】

不同分子量的窄分布嵌段共聚物溶液、四氢呋喃、Waters 1515 Isocratic HPLC 型凝胶色谱仪（带有示差折光检测装置，B 型色谱管）。

【实验步骤】

(1) 调试运行仪器：选择匹配的色谱柱，在实验条件下测定校正曲线（一般是 40 ℃）。

(2) 配制试样溶液：使用纯化后的分析纯溶剂配制试样溶液，浓度 3‰。使用的分析纯溶剂需经过分子筛过滤，配置好的溶液需静置一天。

(3) 用注射器吸取四氢呋喃进行冲洗，重复几次。然后吸取 5 mL 试样溶液，排除注射器中的空气，将针尖擦干。

将六通阀扳到"准备"位置,再将注射器插入进样口,调整软件及仪器到准备进样状态,将试样液缓缓注入,而后迅速将六通阀扳到"进样"位置,将注射器拔出,并用四氢呋喃清洗。

抽取试样时应注意赶走内部的空气,从试样注入调节六通阀至"进样"的过程中,注射器严禁抽取或拔出。在注入试样时,进样速率不宜过快,速率过快可能导致定量环靠近壁面的液体难以被赶出,从而影响进样的量;稍慢可以使定量环内部的液体被完全平推出去。

(4) 获取数据。

(5) 实验完成后,用纯化后的分析纯溶剂流过清洗色谱柱。

【数据处理】

GPC 配有数据处理系统,同时给出 GPC 谱图和各种平均分子量和多分散系数。以切片面积对淋出体积(时间)作图得到样品淋出体积与浓度的关系;以切片分子量对淋出体积(时间)作图得到淋出体积与分子量的关系。记 i 为切片数,A_i 为切片面积,则第 i 级分的重量分率 w_i、第 i 级分的重量累计分数 I_i、数均分子量 $\overline{M_n}$、重均分子量 $\overline{M_w}$、分散度 d 如表 9-1 所示。

表 9-1　实验数据记录

重量分率 w_i	重量累积分数 I_i	数均分子量 $\overline{M_n}$	重均分子量 $\overline{M_w}$	分散度 d
$w_i = \dfrac{A_i}{\sum A_i}$	$I_i = \dfrac{1}{2}w_i + \sum\limits_{i=1}^{i-1} w_i$	$\overline{M_n} = \dfrac{1}{\sum\limits_i \dfrac{w_i}{M_i}}$	$\overline{M_w} = \sum\limits_i w_i M_i$	$d = \dfrac{\overline{M_w}}{\overline{M_n}}$

以 I_i 对 M_i 作图,得到积分分子量分布曲线;以 w_i 对 M_i 作图,得到微分分子量分布曲线,对曲线进行分析。

【注意事项】

(1) 使用 GPC 时应严格按使用说明操作。

(2) 测试溶液的浓度要精确配置。

【思考题】

(1) 聚合物样品的数均相对分子质量、重均相对分子质量和黏均相对分子质量之间有何关系?

(2) 何为普适校正曲线?

(3) 单分散的标样为什么不能淋洗出来?

实验 10 聚乙烯相关物理性能、参数的测定

10.1 聚乙烯粒料结晶度的测定

【实验目的】

掌握用密度法测定聚合物密度、结晶度的基本原理和方法;掌握比重瓶的使用方法,利用密度法测定聚合物的密度,计算结晶度。

【实验原理】

结晶性高聚物与结晶高聚物是两个不同的概念。有结晶能力的高聚物称为结晶性高聚物,但由于条件所限(如淬火),结晶性高聚物可能不是结晶高聚物,而是非晶高聚物,在一定条件下它可以形成结晶高聚物。因为高分子结构的不均一性、大分子内摩擦阻力等因素,聚合物的结晶总是不完善的,而是晶相与非晶相共存的两相结构,所以结晶高分子实际上只是半结晶聚合物。用结晶度来描述这种状态,则结晶度 $f_w = \dfrac{\text{晶量}}{\text{晶量}+\text{非晶量}} \times 100\%$。在 PP、PE 等结晶聚合物中,晶相结构排列规整、堆砌紧密,因而密度大;而非晶结构排列无序,堆砌松散,密度小。因此,结晶聚合物是晶区与非晶区以不同比例两相共存的聚合物,密度的差别反映了结晶度的差别。测定聚合物的密度,便可求出聚合物的结晶度。

密度是物质的一个重要的物理参数,密度的测定实质上就是物体质量和体积的测定。一般适用于低分子物质密度测定的方法,原则上均适用于聚合物。测定聚合物密度可用比重瓶法、韦氏天平法、密度法和膨胀计法等。通过聚合物结晶过程中密度变化的测定,可研究结晶度和结晶速率;拉伸、退火可以改变取向度和结晶度,也可以通过密度进行研究;许多结晶性聚合物的密度与表征内部结构规整度的结晶度有密切关系,其结晶度的大小对聚合物的性能、加工条件选择及应用都有很大影响,结晶使塑料变脆,但却使橡胶抗张强度提高;由于晶区与非晶区的界面会发生光散射,使高聚物变得不透明;减小球晶尺寸到一定程度,不仅会提高强度,还会提高透明性;结晶还使塑料的使用温度从 T_g 提高到 T_m;因结晶让分子排列紧密,故耐溶剂性、渗透性等得到提高。淬火或添加成核剂能减小球晶尺寸,而退火则用来增加结晶度以提高结晶完善程度和消除内应力。聚合物结晶度的测定方法虽有 X 射线衍射法、红外光谱法、核磁共振法、差热分析法、反相色谱法等,但都要使用复杂的仪器设备。而密度法通过测得的密度来换算

结晶度,既简单易行又较为准确。

密度法测定结晶度的原理就是利用聚合物比容的线性加和关系,即聚合物的比容是晶区部分比容与无定形部分比容之和。聚合物比容 V 和结晶度 f_w 的关系为

$$V = f_w V_c + (1 - f_w) V_a \tag{10-1}$$

式中,V_c 为样品中结晶区的比容;V_a 为样品中无定形区的比容,结晶度计算公式为

$$f_w = \frac{V_a - V}{V_a - V_c} = \frac{\dfrac{1}{\rho_a} - \dfrac{1}{\rho}}{\dfrac{1}{\rho_a} - \dfrac{1}{\rho_c}} \tag{10-2}$$

$$f_w = \frac{\rho_c(\rho - \rho_a)}{\rho(\rho_c - \rho_a)} \times 100\% \tag{10-3}$$

式中,ρ、ρ_c、ρ_a 分别为聚合物、晶区、非晶区的密度;V、V_c、V_a 分别为聚合物、晶区、非晶区的比容;f_w 为用质量分数表示的结晶度。

本实验采用悬浮法测定聚合物试样的密度,即在恒温条件下,在装有聚合物试样的试管中,调节能完全互溶的两种液体的比例,待试样既不沉也不浮、悬浮在混合液体中部时,根据阿基米德定律可知,此时混合液体的密度与聚合物样品的密度相等,用比重瓶测定该混合液体的密度,即可求出试样密度。

【试剂和仪器】

水、乙醇、聚乙烯、聚丙烯、比重瓶、试管、玻璃棒、滴管。

【实验步骤】

在试管中加入 95% 乙醇 15 mL,然后加入 1/2 粒聚乙烯试样,用滴管加入蒸馏水,同时上下搅拌,使液体混合均匀,直至样品不沉也不浮,悬浮在混合液中部,并保持数分钟,此时混合液体的密度即为该聚合物样品的密度。

混合液体密度的测定:先用电子天平称得干燥的空比重瓶的质量为 m_0,取下瓶塞,灌满混合液体,盖上瓶塞,多余液体从毛细管溢出,用卷纸擦去溢出的液体,测比重瓶质量为 m_1。倒出瓶中液体,用蒸馏水洗涤数次后再装满蒸馏水,擦干瓶体,称重为 $m_水$,混合液体的密度为

$$\rho = (m_1 - m_0)\rho_水 / (m_水 - m_0) \tag{10-4}$$

将其带入式(10-3)中计算结晶度。

【注意事项】

(1) 两种液体应充分搅拌均匀。
(2) 比重瓶的液体要加满溢出,不能有气泡。
(3) 先称空瓶的质量,再称装满混合液体的质量,最后称装满蒸馏水的质量。

【思考题】

(1) 影响测量结果的因素有哪些?

（2）组成混合液体的各组分应满足什么条件？

10.2　聚乙烯薄膜接触角的测定

【实验目的】

　　了解液体在固体表面的润湿过程以及接触角的含义与应用；掌握用 JC2000C1 静滴接触角/界面张力测量仪测定接触角和表面张力的方法。

【实验原理】

　　润湿是自然界和生产过程中常见的现象。通常将固-气界面被固-液界面取代的过程称为润湿。将液体滴在固体表面上，由于性质不同，有的会铺展开来，有的则黏附在表面上成为平凸透镜状，这种现象称为润湿作用。前者称为铺展润湿，后者称为黏附润湿，如水滴在干净玻璃板上可以产生铺展润湿。如果液体不黏附而保持椭球状，则称为不润湿，如汞滴到玻璃板上或水滴到防水布上。此外，能被液体润湿的固体完全浸入液体之中，则称为浸湿。上述各种类型如图 10-1 所示。

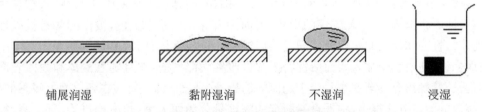

铺展润湿　　　　　黏附湿润　　　　　不湿润　　　　　浸湿

图 10-1　各种类型的润湿情况

　　当液体与固体接触后，体系的自由能降低。因此，液体在固体上润湿程度的大小可用这一过程中自由能降低的多少来衡量。在恒温恒压下，当一液滴放置在固体平面上时，液滴能自动地在固体表面铺展开来，或以与固体表面成一定接触角的液滴存在，如图 10-2 所示。

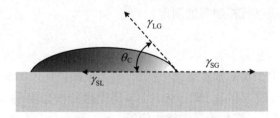

图 10-2　接触角示意图

　　假定不同的界面间力可用作用在界面方向的界面张力来表示，则当液滴在固体平面上处于平衡位置时，这些界面张力在水平方向上的分力之和应等于零，这个平衡关系就是著名的Young 方程，即

$$\gamma_{SG} - \gamma_{SL} = \gamma_{LG} \times \cos\theta \tag{10-5}$$

式中，γ_{SG}、γ_{LG}、γ_{SL} 分别为固-气、液-气和固-液的界面张力；θ 是在固、气、液三相交界处，自固体界面经液体内部到气-液界面的夹角，称为接触角（$0\sim180°$）。接触角是反应物质与液体润湿性关系的重要指标。

在恒温恒压下，黏附润湿、铺展润湿过程中发生的热力学条件分别是

$$W_a = \gamma_{SG} - \gamma_{SL} + \gamma_{LG} \geqslant 0 \tag{10-6}$$

$$S = \gamma_{SG} - \gamma_{SL} - \gamma_{LG} \geqslant 0 \tag{10-7}$$

式中，W_a、S 分别为黏附润湿、铺展润湿过程中的黏附功、铺展系数。

若将式(10-5)代入式(10-6)、式(10-7)，可得

$$W_a = \gamma_{SG} + \gamma_{LG} - \gamma_{SL} = \gamma_{LG}(1 + \cos\theta) \tag{10-8}$$

$$S = \gamma_{SG} - \gamma_{SL} - \gamma_{LG} = \gamma_{LG}(\cos\theta - 1) \tag{10-9}$$

以上方程说明，只要测定了液体的表面张力和接触角，便可以计算出黏附功、铺展系数，从而可以判断各种润湿现象。还可以看到，接触角的数据也能作为判别润湿情况的依据。通常把 $\theta = 90°$ 作为润湿与否的界限：当 $\theta \geqslant 90°$ 时，称为不润湿；当 $\theta < 90°$ 时，称为润湿，且 θ 越小润湿性能越好；当 $\theta = 0$ 时，液体在固体表面上铺展，固体被完全润湿。

接触角是表征液体在固体表面润湿性的重要参数之一，由它可了解液体在一定固体表面的润湿程度。接触角测定在矿物浮选、注水采油、洗涤、印染、焊接等方面都有广泛的应用。

决定和影响润湿作用和接触角的因素很多。例如，固体和液体的性质及杂质、添加物的影响，固体表面的粗糙程度、不均匀性的影响，表面污染等。从原则上说，极性固体易被极性液体润湿，而非极性固体易被非极性液体润湿。玻璃是一种极性固体，故易被水润湿。对于一定的固体表面来说，在液相中加入表面活性物质常可改善润湿性质，并且随着液体和固体表面接触时间的延长，接触角有逐渐变小并趋于定值的趋势，这是表面活性物质在各界面上吸附的结果。

接触角的测定方法很多，根据直接测定的物理量分为四大类：角度测量法、长度测量法、力测量法、透射测量法。其中，角度测量法是最常用的，也是最直截了当的一类方法。它是在平整的固体表面上滴一滴小液滴，直接测量接触角的大小。为此，可用低倍显微镜中装有的量角器测量，也可将液滴图像投影到屏幕上或拍摄图像，再用量角器测量，但这类方法都无法避免因人为作切线而产生的误差。本实验所用的仪器 JC2000C1 静滴接触角/界面张力测量仪可使用量角法和量高法这两种方法进行接触角的测定。

【试剂与仪器】

蒸馏水、无水乙醇、十二烷基苯磺酸钠（或十二烷基硫酸钠）、JC2000C1 界面张力测量仪、微量注射器、容量瓶、镊子、玻璃载片、聚乙烯片，以及质量分数分别为 0.01%、0.05%、0.1%、0.15%、0.2%、0.25%的十二烷基苯磺酸钠水溶液。

【实验内容】

(1) 考察载玻片上的水滴的大小(体积)与所测接触角读数的关系，找出测量所需的最佳液滴大小。

（2）考察水在聚乙烯薄片表面的接触角。

（3）等温下醇类同系物（如甲醇、乙醇、异丙醇、正丁醇）在聚乙烯薄片表面的接触角和表面张力的测定。

（4）等温下不同浓度表面活性剂溶液在固体表面的接触角和表面张力的测定。液体：十二烷基苯磺酸钠溶液，浓度（质量分数）分别为 0.01%、0.05%、0.1%、0.15%、0.2%、0.25%。

（5）测浓度为 0.1% 的十二烷基苯磺酸钠水溶液液滴在聚乙烯薄片表面的接触角随时间的变化。

【实验步骤】

1. 接触角的测定

（1）开机。将仪器接上电源，打开电脑，双击桌面上的 JC2000C1 应用程序，进入主界面，点击界面右上角的"活动图像"按钮，这时可以看到摄像头拍摄的载物台上的图像。

（2）调焦。将进样器或微量注射器固定在载物台上方，调整摄像头焦距到 0.7（测小液滴接触角时通常调到 2～2.5），然后旋转摄像头底座后面的旋钮，调节摄像头到载物台的距离，使得图像最清晰。

（3）加入样品。可以通过旋转载物台右边的采样旋钮抽取液体，也可以用微量注射器压出液体。测接触角一般用 0.6～1.0 μL 的样品量最佳。这时可以从活动图像中看到进样器下端出现一个清晰的小液滴。

（4）接样。旋转载物台底座的旋钮，使得载物台慢慢上升，接触到悬挂在进样器下端的液滴后再下降，使液滴留在固体平面上。

（5）冻结图像。点击界面右上角的"冻结图像"按钮将画面固定，再点击"文件"菜单中的"另存为"，将图像保存在文件夹中。接样后要在 20 s（最好 10 s）内冻结图像。

（6）量角法。点击"量角法"按钮，进入量角法主界面，按"开始"键，打开之前保存的图像。这时图像上出现一个由两直线交叉 45° 组成的测量尺，利用键盘上的 Z、X、Q、A 键（即左、右、上、下键）调节测量尺的位置。首先使测量尺与液滴边缘相切，然后下移测量尺使交叉点至液滴顶端，再利用键盘上的"<"和">"键（即左旋键和右旋键）旋转测量尺，使其与液滴左端相交，从而得到接触角的数值。另外，也可以使测量尺与液滴右端相交，此时应用 180° 减去所见的数值方为正确的接触角数据，最后求两者的平均值。

（7）量高法。点击"量高法"按钮，进入量高法主界面，按"开始"键，打开之前保存的图像。然后用鼠标左键顺次点击液滴的顶端和液滴的左右两端与固体表面的交点。如果点击错误，则可以点击鼠标右键，取消选定。

2. 表面张力的测定

（1）开机。将仪器接上电源，打开电脑，双击桌面上的 JC2000C1 应用程序，进入主界面，点击界面右上角的"活动图像"按钮，这时可以看到摄像头拍摄的载物台上的图像。

（2）调焦。将进样器或微量注射器固定在载物台上方，调整摄像头焦距到 0.7，然后旋转摄像头底座后面的旋钮，调节摄像头到载物台的距离，使得图像最清晰。

（3）加入样品。可以通过旋转载物台右边的采样旋钮抽取液体，也可以用微量注射器压出液体。测表面张力时样品量为液滴最大时的量。这时可以从活动图像中看到进样器下端出现一个清晰的大液泡。

（4）冻结图像。当液滴欲滴未滴时，点击界面的"冻结图像"按钮，再点击"文件"菜单中的"另存为"，将图像保存在文件夹中。

（5）悬滴法。单击"悬滴法"按钮，进入悬滴法程序主界面，按"开始"按钮，打开图像文件。然后顺次在液泡左右两侧和底部用鼠标左键各取一点，随后在液泡顶部会出现一条横线并与液泡两侧相交，然后再单击鼠标左键在两个相交点处各取一点，这时会跳出一个对话框，输入密度差和放大因子后，即可测出表面张力值。

注：密度差为液体样品和空气的密度之差；放大因子为图中针头最右端与最左端的横坐标之差除以针头直径后所得的值。

【结果与讨论】

列表或作图表示得到的实验结果；初步解释其原因。

【思考题】

（1）液体在固体表面的接触角与哪些因素有关？

（2）在本实验中，滴到固体表面上的液滴的大小对接触角读数是否有影响？为什么？

（3）实验中滴到固体表面上的液滴的平衡时间对接触角读数是否有影响？

10.3 聚乙烯粒料熔融指数的测定

【实验目的】

学习掌握 RZF400 型熔融指数仪的使用方法；了解聚合物熔融指数的定义及其在高聚物成型加工中的意义。

【实验原理】

聚合物的剪切黏度（以下简称聚合物的黏度）是重要物性指标，与聚合物的加工成型密切相关。在科学研究中，聚合物的黏度可由毛细管挤出流变仪、同轴圆筒黏度计和锥板黏度计精确测定。在缺少上述黏度计时，有时可用小球（如自行车用的小钢珠）在聚合物熔体的自由落下来测定熔体黏度。但在工业上，聚合物熔体的黏度可用熔融指数（MI）或熔体流动速率（MFR）来方便地表征。熔融指数是指在一定温度和负荷下，聚合物熔体 10 min 内通过标准口模的质量，单位为 g/10 min。一般来说，对于一定结构的聚合物而言，其熔融指数小，分子量就大，则聚合物的断裂强度、硬度等性能较高；而熔融指数大，分子量就小，加工流动性能较好。因此，熔融指数在聚合物的应用上，尤其在加工上是一个重要指标。在工业上经常用它来表示熔体黏度的相对数值。

　　值得注意的是,熔体黏稠的聚合物一般属于非牛顿流体,即黏度与剪切应力、剪切速率有关。随着剪切应力或剪切速率的变化,黏度也发生变化,通常剪切速率增大,黏度反而变小,只有在低的剪切速率下才比较接近牛顿流体。因此,从熔融指数仪中得到的流体性能数据是在低剪切速率的情况下获得的,而在实际成型加工工艺中,还要研究熔体黏度对温度和切变应力的依赖关系,对于某一个热塑性聚合物来说,只有将熔融指数与加工条件、产品性能联系起来熔融指数才具有较大的实际意义。

　　不同的用途和不同的加工方法,对聚合物的熔体流动速率有不同的要求。一般情况下,注射成型用的聚合物熔体流动速率较高;挤出成型用的聚合物熔体流动速率较低;吹塑成型的介于两者之间。

　　此外,因为结构不同的聚合物测定熔融指数时选择的温度、压力均不相同,黏度与分子量间的关系也不一样,所以它只能表示同结构聚合物分子量的相对数值,而不能在结构不同的聚合物之间进行比较。

　　熔融指数的测量是在熔融指数仪(图 10-3)上进行的,装置相对简单,使用方便,价格也比较低,在聚合物工业中被广泛应用。

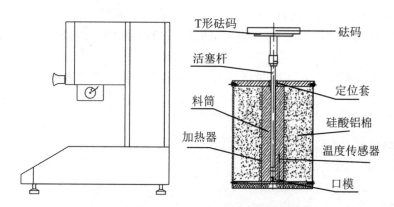

图 10-3　熔融指数仪的装置图和炉腔示意图

【试样和仪器】

　　RZF400 型熔融指数仪一台,该仪器由试料挤出系统和加热控制系统两部分组成。其参数包括:标准口模长度为 8.00±0.05 mm,标准口模内径为 2.095±0.05 mm;活塞杆长度为240 mm,直径为 9.00±0.02 mm。另外,小锥 1 把、聚乙烯等样品、绸布清理料筒用。

【实验步骤】

　　(1) 仪器安放平稳,调节水平,以活塞杆可在料筒内自然落下为准。

　　(2) 接通熔融指数仪的电源,这时指示灯亮,表示仪器通电,再将温度设定至 230 ℃,将标准口模从上端放入料筒底部,插入活塞,开始升温。

　　(3) 实际温度达到设定值后,恒温 15 min。

　　(4) 转动切割刀片,使其不阻碍试样流下。

(5) 根据试样的预计流动速率称取试样并加入料筒。试样经压料杆压实后插入活塞杆,此操作需在 1 min 内完成。

(6) 加 2.16 kg 负荷,预热 5 min。如果试样的 MFR>10g/10 min,在预热期间可不加或少加负荷。

(7) 预热结束后,压迫砝码,使活塞杆下刻环线降至距料筒口 5~10 mm 处,要求在 1 min 内完成。同时观察聚合物熔体的不稳定流动现象。

(8) 待活塞杆自然下降至下刻环线与料筒口相平时,开始按一定的时间间隔切料。待活塞杆下降至上刻环线与料筒口相平时停止切料。保留连续切取的无气泡样条 5 个。

(9) 称量样条的质量,计算熔融指数。

(10) 趁热清理口模与料筒。拉出口模锁板,可使口模从料筒下端落下。用口模清理杆清理口模;料筒用料筒清理杆(顶端绕棉纱布)清理,直至内壁光洁明亮时为止。

(11) 实验完毕,停止加热,关闭电源,将各种物件放回原处。

【注意事项】

(1) 装料,按导套,压料要迅速,否则在料全熔以后,气泡难排出去。

(2) 整个取样及切割过程要在压料杆画线以下进行,要求在试样加入圆筒后 20 min 内切割完。

(3) 整个体系温度要求均匀,在试样切取过程中要尽量避免温度波动。

【数据处理】

(1) 将实验结果记录在表 10-1 中。

试样名称:＿＿＿＿＿＿＿＿＿＿＿。

测试条件:＿＿＿＿＿＿＿＿＿＿＿。

切割段所需时间:＿＿＿＿＿(s)。

表 10-1　实验测试记录

切割段质量(g)					平均质量(g)	MI(g/10 min)
1	2	3	4	5		

(2) 按下式计算 MI:

$$MI = \frac{600W}{t}(g/10\ min)$$

式中,W 为 5 个切割段质量的算术平均值(g);t 为每个切割段所需时间(s)。

【思考题】

(1) 改变温度和剪切应力对不同聚合物的熔体黏度有何影响?

(2) 聚合物的 MI 与其分子量之间有什么关系? 为什么 MI 值不能在结构不同的聚合物之

间进行比较？

（3）为什么要切割 5 个切割段？是否可直接切取 10 min 流出的质量作为 MI？

10.4　聚乙烯样条维卡软化温度的测定

【实验目的】

了解热塑性塑料的维卡软化点的定义及测试方法；测定聚乙烯样片的维卡软化点。

【实验原理】

聚合物的耐热性能通常是指它在温度升高时保持其物理机械性质的能力。聚合物材料的耐热温度是指在一定负荷下，其到达某一规定形变值时的温度。发生形变时的温度通常称为塑料的软化点 T_S。因为不同测试方法各有其规定选择的参数，所以软化点的物理意义不像玻璃化转变温度那样明确。常用维卡（Vicat）耐热、马丁（Martens）耐热、热变形温度测试方法测试塑料耐热性能。不同方法的测试结果相互之间无定量关系，它们可用来对不同塑料做相对比较。

维卡软化点是测定热塑性塑料于特定液体传热介质中，在一定的负荷、一定的等速升温条件下，试样被 1 mm² 针头压入 1 mm 时的温度，本方法仅适用于大多数热塑性塑料。实验测得的维卡软化点适用于控制质量和作为鉴定新品种热性能的一个指标，但不代表材料的使用温度。

【试样和仪器】

（1）聚乙烯试样（自制）。

（2）XWB-300F 维卡软化点温度测试装置原理如图 10-4 所示。负载杆压针头长 3～5 mm，横截面积为（1.000＋0.015）mm²，压针头平端与负载杆成直角，不允许带毛刺等缺陷。加热浴槽选择对试样无影响的传热介质，如硅油、变压器油、液体石蜡、乙二醇等，室温时黏度较低。本实验选用甲基硅油为传热介质。可调等速升温速率为（5±0.5）℃/6 min 或（12±1.0）℃/6 min。试样承受的静负载 $G=W+R+T$（W 为砝码质量；R 为压针及负载杆的质量，本实验装置负载杆和压头为 95 g，位移传感器测量杆为 10 g；T 为变形测量装置附加力），负载有两种选择：$G_A=1$ kg、$G_B=5$ kg。装置测量形变的精度为 0.01 mm。

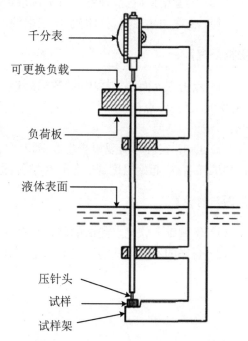

图中标注：千分表、可更换负载、负荷板、液体表面、压针头、试样、试样架

图 10-4　维卡软化点测试装置原理图

(3) 维卡实验中,试样厚度应为 3~6.5 mm,宽和长至少为 10 mm×10 mm,或直径大于 10 mm。试样的两面应平行,表面平整光滑、无气泡、无锯齿痕迹、无凹痕或裂痕等缺陷。每组试样为两个。模塑试样厚度为 3~4 mm;板材试样厚度取板材厚度,当厚度超过 6 mm 时,应将试样加工成 3~4 mm。若厚度不足 3 mm,则可由不超过 3 块叠合成厚度大于 3 mm 的试样。

【实验步骤】

(1) 清理维卡机表面杂物,防止其在砝码平台下降时损坏机器。

(2) 打开电脑软件:维卡机。按维卡机"上升"键,使砝码平台自动上升。

(3) 取 10 mm×10 mm 试样,厚度为 3~6 mm。试样不能有毛边,必须平整。

(4) 放样。使压针置于试样中心位置,放下夹具手柄,以免砝码平台下降后会被导热油冲走。

(5) 按"下降"键,使其自动下降。

(6) 左击"试样运行",点击"维卡实验",设置实验参数。若已设置好,则需确认后才可实验。

(7) 根据实验要求把砝码放于砝码托盘上。

(8) 分别点击"维卡"和"热变形实验开始"键。

(9) 待实验达到设置参数时,实验自动停止,需立刻取下砝码,以防压坏压针。

(10) 依次点击"数据处理""生成报告",记录实验结果。

(11) 若急需进行下一个实验,则用循环水冷却导热油。否则,在室温下自然降温。

(12) 实验结束后,清理维卡机平台杂物,以防下次砝码平台上升时,掉进油箱。

(13) 依次关闭主机、打印机、电脑电源。

【数据处理】

(1) 点击主界面菜单栏中的"数据处理"图标,进入数据处理窗口,然后点击"打开",双击所需的实验文件名,点击"结果"可查看试样维卡温度值,记录试样在不同通道的维卡温度,计算平均值。

(2) 点击"报告",出现报告生成窗口,勾选"固定栏"的实验方案参数,以及"结果栏"中的内容,如试样名称、起始温度、砝码重、传热介质等。按"打印"按钮打印实验报告。

【问题与讨论】

(1) 影响维卡软化点测试的因素有哪些?

(2) 材料的不同热性能测定数据是否具有可比性?

实验 11　聚丙烯相关物理性能、参数的测定

11.1　偏光显微镜法观察聚丙烯的球晶形态
并测定球晶的径向生长速率

【实验目的】

熟悉偏光显微镜的构造；掌握偏光显微镜的使用方法；观察不同结晶温度下得到的球晶的形态；估算聚丙烯球晶尺寸。

【实验原理】

聚合物的结晶可以具有不同的形态，如单晶、树枝晶、球晶、纤维晶和伸直链晶体等。而球晶是聚合物结晶中一种最常见的形式。从浓溶液中析出或熔体冷却结晶时，聚合物倾向于生成这种比单晶复杂的多晶聚集体，通常呈球形，故称为球晶。

球晶的大小取决于聚合物的分子结构及结晶条件，随着聚合物种类和结晶条件的不同，球晶的尺寸差别很大，直径可以从微米级到毫米级，甚至可以大到厘米级。球晶尺寸主要受冷却速率、结晶温度和成核剂等因素影响。球晶具有光学各向异性，对光线有折射作用，所以能够用偏光显微镜进行观察，该法最为直观，且制样方便、仪器简单。聚合物球晶在偏光显微镜的正交偏振片之间呈现出特有的黑十字消光图案。有些聚合物生成球晶时，晶片沿半径增长时可以进行螺旋式扭曲，所以还能在偏光显微镜下看到同心圆消光图像。小于几微米的球晶则可用电子显微镜进行观察，或者采用激光小角散射法等进行研究。

结晶聚合物材料、制品的实际使用性能（如光学透明性、冲击强度等）与材料内部的结晶形态、晶粒大小和完善程度有着密切的联系。例如，较小的球晶可以提高材料冲击强度与断裂伸长率；球晶尺寸对聚合物材料的透明度的影响则更为显著：聚合物晶区的折光指数大于非晶区，球晶的存在将产生光的散射而使透明度下降，球晶越小透明度越高，当球晶尺寸小到与光的波长相当时可以得到透明的材料。因此，针对聚合物结晶形态与尺寸等的研究具有重要的理论和实际意义。

球晶的生长以晶核为中心，以相同的速率同时向三维空间发散生长，球晶的基本结构单元是具有折叠链结构的晶片，厚度在 10 nm 左右。许多这样的晶片从一个中心（晶核）向四面八方生长，发展成一个球状聚集体，如图 11-1 所示。电子衍射实验证明了球晶的分子链总是垂直于球晶的半径方向排列，如图 11-2 所示。

光是电磁波,即横波,它的传播方向与振动方向垂直。对于自然光来说,它的振动方向均匀分布,没有任何方向占优势。但是自然光通过反射、折射或选择吸收后,可以转变为只在一个方向上振动的光波,即偏振光(图 11-3,箭头代表振动方向,传播方向垂直于纸面)。

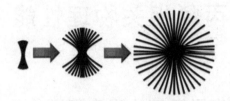

图 11-1　球晶的生长示意图

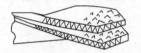

图 11-2　球晶片晶的排列与分子链取向

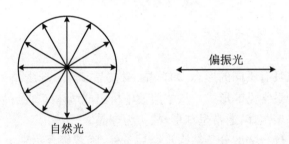

图 11-3　自然光和偏振光的振动现象

用偏光显微镜观察球晶结构依据的是聚合物晶体具有双折射的性质。当一束光线进入各向同性的均匀介质中,光速不因传播方向而改变,所以各方向都具有相同的折射率。而对于各向异性的晶体来说,其光学性质是随方向而异的。当光线通过它时,就会分解为振动平面互相垂直的两束光,它们的传播速率除光轴方向外,一般是不相等的,于是就产生两条折射率不同的光线,这种现象称为双折射。晶体的一切化学性质都和双折射有关。在正交偏光显微镜下观察,当高聚物处于熔融状态时,呈现光学各向同性,不会发生双折射现象,光线被正交的偏振镜阻碍,视场黑暗,球晶会呈现出特有的黑十字消光图案(称为 Maltase Cross),如图 11-4 所示。黑十字消光现象是球晶双折射性和对称性的反映。球晶在正交偏光显微镜中出现黑十字现象可以通过图 11-5 来解释。图中起偏镜的方向垂直于检偏镜的方向(正交),设通过起偏镜进入球晶的偏振光的电矢量$\overline{OR}$,即偏振光的振动方向沿$\overline{OR}$方向。图中绘出了任意两个方向上偏振光的折射情况,偏振光$\overline{OR}$通过与分子链发生作用,分解为平行于分子链的 η 和垂直于分子链的 ε 两部分,由于折射率不同,两个分量之间有一定的相差,显然 ε 和 η 不能全部通过检偏镜,只有振动方向平行于检偏镜反向的分量$\overline{OF}$和$\overline{OE}$能够通过检偏镜。由此可见,在起偏镜的方向上,$\eta=0$,$\overline{OR}=\varepsilon$;在检偏镜方向上,$\varepsilon=0$,$\overline{OR}=\eta$;在这些方向上,即在与起偏器和检偏器的特征方向相平行的位置出现暗区,此时分子链的取向使偏振光不能透光检偏镜,视野成黑暗,而在与之成

45°的方向上出现亮区,形成黑十字消光图案,这就是黑十字消光图案的由来。

图 11-4 球晶特有的黑十字消光图案

以下用数理知识对黑十字现象做简要说明。

在图 11-6 中,$P-\overline{P}$ 代表起偏镜的振动方向,$A-\overline{A}$ 代表检偏镜的振动方向,$N-\overline{N}$、$M-\overline{M}$ 是晶体内某一切面内的两个振动方向。

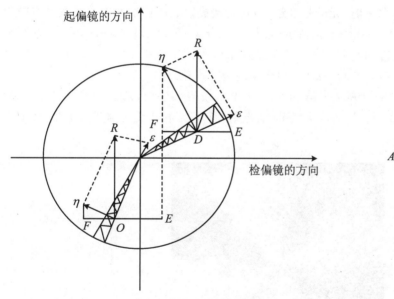

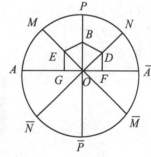

图 11-5 球晶中的双折射示意图   **图 11-6 偏光显微镜下球晶黑十字**
                                                         消光图案的形成原理图

由图 11-6 可知,晶体切面内的振动方向与偏光镜的振动方向不一致,设 N 振动方向与偏光镜振动方向 $P-\overline{P}$ 间的夹角为 α。光先进入起偏镜,自起偏镜透出的平面偏光的振幅为 OB,光继续射至晶片上,因为切面内的两振动方向不与 $P-\overline{P}$ 方向一致,所以要分解到晶体的两振动面中,分至 N 方向上光的振幅为 OD,分至 M 方向上光的振幅为 OE。自晶片透出的两平面偏光继续射至检偏镜上,因检偏镜的振动方向与晶体切面内振动方向也不一致,故每一平面偏光都要一分为二,即 OD 振幅的光分解为 OF 与 DF 振幅的光,OE 振幅的光分解为 EG 和 OG 振幅的光。振幅为 DF 和 EG 的光因为它们的振动方向垂直于检偏镜的振动面,所以不能透过,而振幅为 OG 和 OF 的光,它们均在检偏镜的振动面内,所以能透过,两光波在同一面内振动,必然要发生干涉,它们的合成波为

$$Y = OF - OG = OD \sin \alpha - OE \cos \alpha \tag{11-1}$$

$$OD = OB \cos \alpha, \quad OB = A \sin \omega t$$

又因晶片内 N 和 M 方向振动的两光波的速率不相等,折射率也不同,其位相差设为 δ,则有

$$OD = OB \cos \alpha \tag{11-2}$$

$$OE = OB \sin \alpha = A \sin (\omega t - \delta) \sin \alpha \tag{11-3}$$

将式(11-2)、式(11-3)代入式(11-1),整理可得

$$Y = A \sin 2\alpha \sin \frac{\delta}{2} - \cos \left(\omega t - \frac{\delta}{2} \right) \tag{11-4}$$

因合成光的强度与合成光振幅的平方成正比,故由式(11-4)可以得出

$$I = A^2 \sin^2 2\alpha \sin^2 \theta \tag{11-5}$$

式中,A 为入射光的振幅,a 是晶片内振动方向与起偏镜振动方向的夹角,转动载物台可以改变 a,当 $a = \pi/4, 3\pi/4, 5\pi/4, 7\pi/4 \cdots$ 时,光的强度最大,视野最高。若晶体切面内的两振动方向与上、下偏光镜的振动方向成 $45°$,则此时晶体的亮度最大。当 $a = 0, \pi/2, 3\pi/2 \cdots$ 时,$I = 0$,视野全黑。如果晶体切面内的振动方向与起偏镜(或检偏镜)的振动方向平行时,即 $a = 0$,则晶体全黑。当晶体的轴和起偏镜的振动方向一致时,也会出现全黑现象。

在正交偏光镜下,晶体切面上的光的振动方向与 $A - \bar{A}$、$P - \bar{P}$ 平行或近于平行,将产生消光,故形成分别平行于 $A - \bar{A}$、$P - \bar{P}$ 的两个黑带(消光影),它们互相正交而构成黑十字,即消光干涉图,如图 11-7 所示。

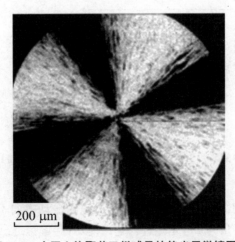

200 μm

图 11-7　全同立构聚苯乙烯球晶的偏光显微镜图片

用偏光显微镜观察聚合物球晶,在一定条件下,球晶呈现出更复杂的环状图案,即在特征的黑十字消光图像上还重叠着明暗相间的消光同性圆环。这可能是由晶片周期性扭转产生的,如

图 11-8 所示。

图 11-8　带消光同心圆环的聚乙烯球晶的偏光显微镜图片

【材料和仪器】

聚丙烯粒料、偏光显微镜（XPF-550C）及电脑一台、附件一盒、擦镜纸、镊子、热台、电炉、盖玻片、载玻片。

【实验步骤】

1. 启动电脑

启动电脑，打开显微镜摄像程序。

2. 显微镜调整

在显微镜上装上物镜和目镜，打开照明电源，推入检偏镜，调整起偏镜角度至正交位置。获得完全消光视野（视野尽可能暗，如不便观察，可去掉显微镜目镜，旋转底下的起偏镜，直至最暗的视野，这表明此时两偏光镜的角度恰好为正交位置）。

3. 聚丙烯的结晶形态观察

（1）切一小块聚丙烯粒料，放于干净的载玻片上，并盖上一块盖玻片。

（2）预先加热到 200 ℃，将聚丙烯样品在电热板上熔融，然后迅速转移到 50 ℃的热台使之结晶，在偏光显微镜下观察球晶体，观察黑十字消光及干涉色。

（3）屏幕上能观察到清晰球晶体，保存图像，把同样的样品在熔融后，分别于 100 ℃和 0 ℃条件下结晶，并在电脑上保存清晰的图像。

4. 聚丙烯球晶尺寸的测定

测定聚合物球晶体大小。聚合物晶体薄片放在正交显微镜下观察，用显微镜目镜分度尺测量球晶直径，测定步骤如下：

（1）将带有分度尺的目镜插入镜筒内，将载物台显微尺置于载物台上，使视区内能同时看见两尺。

（2）调节焦距使两尺平行排列、刻度清楚，并使两"0"点相互重合，即可算出目镜分度尺的值。

（3）取走载物台显微尺，将预测样品置于载物台视域中心，观察并记录晶形，读出球晶在目镜分度尺上的刻度，即可算出球晶直径大小。

5. 球晶生长速率的测定

（1）将聚丙烯粒料在 200 ℃下熔融，然后迅速放在 25 ℃的热台上，每隔 10 min 把球晶的形态保存下来，直到球晶的大小不再变化时为止。

（2）对照照片，测量出不同时间的球晶的大小，以球晶半径对时间作图，得到球晶生长速率。

6. 测定在不同温度下结晶的聚丙烯晶体的熔点

（1）预先把电热板调节到 200 ℃，使聚丙烯充分熔融，然后分别在 20 ℃、25 ℃、30 ℃下结晶。每个结晶样品置于偏光显微镜的热台上加热，观察黑十字开始消失的温度、消失一半的温度和全部消失的温度，并记下这三个熔融温度。

（2）实验完毕，关掉热台的电源，从显微镜上取下热台。

（3）关闭汞弧灯。

【数据处理】

（1）观察、保存球晶的形态图；记录晶体半径、晶体生长速率和不同温度下晶体的熔点。

（2）试分析聚丙烯的结晶条件与晶体形态之间的关系。

【注意事项】

（1）偏光显微镜开关电源时，务必先将亮度调节钮调至最小。调节亮度钮时，将其调至所需亮度即可，一般不要调至最强状态。

（2）偏光显微镜是精密的光学仪器，操作时要十分仔细和小心，不要随意拆卸零件，不可手摸或用硬物擦拭玻璃镜头。

（3）将欲观察的玻片置于载物台中心，从侧面看着镜头，先旋转微调手轮，使它处于中间位置，再转动粗调手轮将镜筒下降使物镜靠近试样玻片，然后在观察试样的同时慢慢上升物镜筒，直至看清物体的像，再左右旋动微调手轮使物体的像至最清晰。切勿在观察时用粗调手轮调节下降，否则物镜有可能碰到玻片硬物，导致镜头损坏。特别是在高倍时，被观察面（样品面）距离物镜只有 0.2～0.5 mm，一不小心就会损坏镜头。

（4）在偏光显微镜下使用热台时，不可超过 300 ℃，而且高温处理时间不要过长。

【思考题】

（1）在偏光显微镜两正交片之间，球晶呈现特有的黑十字消光图像，简述其原理。

（2）聚合物结晶过程有何特点？形态特征如何（包括球晶大小和分布、球晶的边界、球晶的颜色等）？结晶温度对球晶形态有何影响？

（3）在生产中如何控制球晶的形态？

11.2 聚丙烯的 X 射线衍射分析

【实验目的】

掌握 X 射线衍射分析的基本原理、操作方法；学会对材料进行 X 射线衍射测定、分析。

【实验原理】

1. X 射线衍射基本原理

当一束单色 X 射线入射到晶体时，由于晶体是由原子规则排列而成的晶胞组成的，而这些规则排列的原子间距离与入射 X 射线的波长具有相同数量级，迫使原子中的电子和原子核成了新的发射源，向各个方向散发 X 射线，这是散射。不同原子散射的 X 射线相互干涉叠加，可在某些特殊的方向上产生强的 X 射线，这种现象称为 X 射线衍射。

每一种晶体都有自己特有的化学组成和晶体结构。晶体具有周期性结构，一个立体的晶体结构可以看成是一些完全相同的原子平面网按一定的距离 d 平行排列而成，也可看成是另一些原子平面按另一距离 d' 平行排列而成。因此，一个晶体必存在着一组特定的 d 值（如图 11-9 中的 d、d'、$d''\cdots$）。结构不同的晶体，其 d 值也不相同。因此，当 X 射线通过晶体时，每一种晶体都有自己特征的衍射花样，其特征可以用衍射面间距 d 和衍射光的相对强度表示。面间距 d 与晶胞的大小、形状有关，相对强度则与晶胞中所含原子的种类、数目及其在晶胞中的位置有关。可以用它进行相分析，测定结晶度、结晶取向、结晶粒度、晶胞参数等。

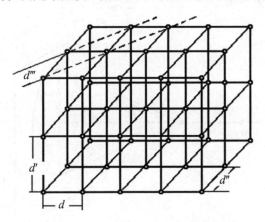

图 11-9　原子在晶体中的周期性排列

2. 布拉格公式

假定晶体中某一方向上的原子面网之间的距离为 d，波长为 λ 的 X 射线以夹角 θ 射入晶体（图 11-10）。在同一原子面网上，入射线与散射线经过的光程相等；在相邻的两个原子面网上散射出来的 X 射线有光程差，只有当光程差等于入射波长的整数倍时，才能产生被加强了的衍射线，即

$$2d\sin\theta = n\lambda \tag{11-6}$$

这就是布拉格(Bragg)公式,式中 n 是整数。知道了入射 X 射线的波长和实验测得了夹角,就可以算出 d 值。

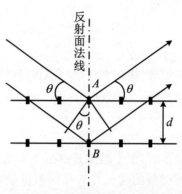

图 11-10　原子面网对 X 射线的衍射

图 11-11 所示为某一晶面以夹角绕入射线旋转一周,则其衍射线形成了连续的圆锥体,其半圆锥角为 2θ。由于不同方向上的原子面网间距离具有不同的 d 值,对于不同 d 值的原子面网组,只要其夹角能符合式(11-6)的条件,就都能产生圆锥形的衍射线组。实验中不是将具有各种 d 值的被测面以 θ 夹角绕入射线旋转,而是将被测样品磨成粉末,制成粉末样品,则样品中的晶体做完全无规则的排列,存在着各种可能的晶面取向。使用粉末衍射法能得到一系列的衍射数据,可用德拜照相法或衍射仪法记录下来。本实验采用 X 射线衍射仪,可直接测定和记录晶体产生的衍射线的方向(θ)和强度(I),当衍射仪的辐射探测器计数管绕样品扫描一周时,就可以依次将各个衍射峰记录下来。

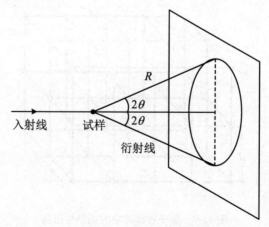

图 11-11　X 射线衍射示意图

3. X 射线衍射实验方法

X 射线衍射实验方法包括样品制备、实验参数选择和样品测试。

(1) 样品制备。

在衍射仪法中,样品制作上的差异对衍射结果产生的影响要比照相法大得多。因此,制备出符合要求的样品，是衍射仪实验技术中重要的一环，通常制成平板状样品。衍射仪均附有表面平整光滑的玻璃或铝质的样品板，板上开有窗孔或不穿透的凹槽，将样品放入其中进行测定。

① 粉末样品的制备：

a. 将被测试试样在玛瑙研钵中研成 $10\ \mu m$ 左右的细粉；

b. 将适量研磨好的细粉填入凹槽，并用平整的玻璃板将其压紧；

c. 将槽外或高出样品板面的多余粉末刮去，重新将样品压平，使样品表面与样品板面保持平整光滑。若使用带有窗孔的样品板，则把样板放在一表面平整光滑的玻璃板上，将粉末填入窗孔，捣实压紧即成。在样品测试时，应使贴玻璃板的一面对着入射 X 射线。

② 特殊样品的制备：

对于一些不易研成粉末的样品，可先将其锯成窗孔大小，再磨平一面，然后用橡皮泥或石蜡将其固定在窗孔内。片状、纤维状或薄膜样品也可取窗孔大小，再直接嵌固在窗孔内。但对于固定在窗孔内的样品，其平整表面必须与样品板平齐，并对着入射 X 射线。

（2）测量方式和实验参数的选择。

① X 射线波长的选择：

选择适用的 X 射线波长（选靶）是实验成功的基础。实验采用哪种靶的 X 射线管，要根据被测样品的元素组成决定。选靶的原则是：避免使用能被样品强烈吸收的波长，否则将使样品激发出强的荧光辐射，增高衍射图的背景。根据元素吸收性质的规律，我们可以记住选靶规则：X 射线管靶材的原子序数要小于或等于样品中最轻元素（钙及比钙更轻的元素除外）的原子序数，最多不宜大于 1。

② 狭缝的选择：

狭缝的大小对衍射强度和分辨率都有影响。大狭缝可得到较大的衍射强度，但降低分辨率；小狭缝可提高分辨率，但损失强度。一般情况下，需要提高强度时宜选大些的狭缝，需要高分辨时宜选用小些的狭缝，尤其是接收狭缝对分辨率影响更大。每台衍射仪都配有各种狭缝以供选用。其中，发散狭缝的目的是为了限制光束不要照射到样品以外的地方，以免引起大量的附加的散射或线条；接受狭缝是为了限制待测角度附近区域上的 X 射线进入检测器，它的宽度对衍射仪的分辨力、线的强度以及峰高/背底比起着重要作用；防散射狭缝是光路中的辅助狭缝，它能限制因不同原因而产生的附加散射进入检测器。

③ 测量方式选择：

衍射仪测量方式有连续扫描法和步进扫描法。不论是哪一种测量方式，快速扫描的情况下都能相当迅速地给出全部衍射花样，它适用于物质的预检，特别适用于对物质进行鉴定或定性估计。对衍射花样局部做非常慢的扫描，适用于精细区分衍射花样的细节和进行定量的测量。例如，混合物相的定量分析、精确的晶面间距测定、晶粒尺寸和点阵畸变的研究等。

a. 定速连续扫描。试样和接收狭缝按 1∶2 的角速率比并以固定速率转动。在转动过程中，检测器连续地测量 X 射线的散射强度，各晶面的衍射线依次被接收。BDX 系列的衍射仪均采用步进电机来驱动测角仪转动，所以实际的转动并不是严格连续的，而是一步（每步 $0.0025°$）一步的跳跃式转动。这在转动速率慢时特别明显，但是检测器及测量系统是连续工作的。连续扫描的优点是工作效率较高。例如，扫描速率为 $4°/mm(2\theta)$、扫描范围为 $20°\sim80°$ 的衍射图

15 min即可完成,而且也有不错的分辨率、灵敏度和精确度,因而对于大量的日常工作来说(一般是物相鉴定工作),这是非常合适的。但在使用长图记录仪录图时,记录图会受计数率表 RC影响,应适当地选择时间常数。

b. 定时步进扫描。试样每转动一定的 $\Delta\theta$ 就停止,然后测量记录系统开始工作,测量一个固定时间内的总计数(或计数率),并将此总计数与此时的 2θ 角即时打印出来,或者将此总计数转换成计数率并用记录仪记录。接着试样再转动一定的 $\Delta\theta$ 并进行测量。如此一步步地进行下去,直至完成衍射图的扫描。

c. 数字记录时采样条件的选择。用计算机进行衍射数据采集时,可选定速连续扫描方式,也可以选定时步进扫描方式。这两种方式都要适当选择采集数据的"步长"(或称"步宽")。采样步长小,数据个数增加;每步强度总计数小,计数误差大,但能更好地再现衍射的剖面图;采样步长大,能减少数据个数,减少数据处理时的数据量;每步强度总计数较大,计数误差较小,但步长过大将影响衍射剖面图的再现。为保证衍射峰的检出,采样步宽不能大于衍射峰半高全宽(FWHM)的 1/2。

衍射仪的工作条件对仪器 2θ 分辨能力和衍射强度的影响可从表 11-1 中看到。一般使用 $0.1\sim0.2$ mm 宽的接收狭缝、扫描速率为 $1°/\min(2\theta)$、时间常数为 1 s,已能得到分辨能力很好的衍射图,且所费时间也不算太多。

表 11-1   扫描的起始角(2θ)与发散狭缝的孔角 α

发散狭缝的孔角 α	适用的最低 2θ 角(度)	相应的最大 d 间距(埃)		
		MoK_α	CuK_α	CoK_α
$10'$(1/6 度)	2.9	14.0	29.5	34
$30'$(1/2 度)	8.5	4.8	10.4	12
$1°$	17.0	2.4	5.2	6.05
$2°$	34.5	1.2	2.6	3.0
$3°$	56.2	0.8	1.6	1.9
$4°$	72.8	0.6	1.3	1.5

注:扫描半径 $R=180$ mm、$L=20$ mm。

4. 结晶聚合物分析

在结晶高聚物体系中,结晶和非结晶两种结构对 X 射线衍射的贡献不同。结晶部分的衍射只发生在特定的 θ 角方向上,衍射光有很高的强度,出现很窄的衍射峰,其峰位置由晶面距 d决定,非晶部分会在全部角度内散射。把衍射峰分解为结晶和非结晶两部分,结晶峰面积与总面积之比就是结晶度 f_c。

$$f_c = \frac{I_c}{I_0} = \frac{I_c}{I_c + I_a} \tag{11-7}$$

式中,I_c 为结晶衍射的积分强度,I_a 为非晶散射的积分强度,I_0 为总面积。

高聚物很难得到足够大的单晶,多数为多晶体,晶胞的对称性也不高,得到的衍射峰都有比较大的宽度,且与非晶态的弥散图混在一起,所以测定晶胞参数不是很容易,高聚物结晶的晶粒较小,当晶粒小于 10 nm 时,晶体的 X 射线衍射峰就开始弥散变宽,随着晶粒变小,衍射线愈来愈宽,晶粒大小和衍射线宽度间的关系可通过谢乐(Scherrer)方程进行计算

$$L_{hkl} = \frac{K\lambda}{\beta_{hkl} \cos \theta_{hkl}} \tag{11-8}$$

式中,L_{hkl} 为晶粒垂直于晶面 hkl 方向的平均尺寸(晶粒度),单位为 nm;β_{hkl} 为该晶面衍射峰的半峰高的宽度,单位为弧度;K 为常数(0.89~1),其值取决于结晶形状,通常取 1;θ 为衍射角,单位为度。

根据式(11-8),可由衍射数据算出晶粒大小。不同的退火条件及结晶条件对晶粒消长有影响。

【试样和设备】

等规聚丙烯、无规聚丙烯、X 射线衍射仪(岛津,XRD-6000)。

【实验步骤】

(1) 开机准备,检查室温为 23±5 ℃,湿度为 40%~70%,电源电压稳定。

(2) 开启循环冷却水主机电源开关,再打开主机的面板开关,水温为 20±2 ℃,水压为 0.3 MPa左右。

(3) 开启 X 射线衍射仪主机电源开关(左下侧),"Power"灯亮(淡黄色)。

(4) 开启计算机,双击"PCXRD"图标,进入应用程序及控制面板。鼠标单击"Display&Setup"窗口,仪器进行初始化。初始化结束后,最小化窗口(不要关闭)。

(5) X 射线管的老化:老化发生时需要避免 X 射线直接照射检测器,操作步骤如下:选择"Right Gonio Service"→选择"Positioning"→单击"2Theta/ThetaD"→输入"60"→单击"OK"→关闭。

点击"XG Control"图标,进入 X 射线管控制界面,点击"ON"按钮,打开 X 射线管,在中间靠下的空格中输入老化电压、电流,并按表 11-2 中的参数进行操作,结束后点击"OFF"按钮,关闭 X 射线管,老化完成。

(6) 制样,用玻璃板压片。要求样品表面平整,样品槽外清洁。

(7) 打开主机门,将样品片插入主机的样品座中,关上主机门。依次打开"Right Gonio Condition"和"Right Gonio Analysis"窗口。

(8) 在"Right Gonio Condition"中双击蓝色输入条,设置扫描条件、样品名称等。然后进入"Right Gonio Analysis"界面,点击"Start"按钮,开始测试,主机机身左下侧面板中"X-rays on"指示灯亮,X 射线管开启,开始对样品进行扫描。测试完毕,X 射线管自动关闭。

(9) 重复(5)~(7)操作,进行下一个样品的测试。

(10) 退出"PCXRD"程序(遵循"先开后关"的原则依次关闭程序窗口)。

(11) 依次关闭电脑、主机电源,15 min 后关闭循环冷却水电源。

表 11-2　X 射线管老化时管电压、管电流参数设置统计表

管电压(kV)	管电流(mA)	5~14 天未开光管(min)	15 天以上未开光管(min)
30	5	2	5
40	5	5	10
45	5	5	10
50	5	5	10
55	5	5	15
60	5	5	15

【数据处理】

本实验要求测量两个不同结晶条件的等规聚丙烯样品和一个无规聚丙烯样品的衍射谱,并对谱图做如下处理。

1. 结晶度计算

对于 α 晶型的等规聚丙烯来说,近似地把(110)(040)两峰间的最低点的强度值作为非晶散射的最高值,由此分离出非晶散射部分。因此,实验曲线下的总面积就相当于总的衍射强度 I_0。此总面积减去非晶散射下面的面积(I_a)就相当于结晶衍射的强度(I_c),从而求得结晶度 χ_c。

2. 晶粒度计算

由衍射谱读出[hkl]晶面的衍射峰的半高宽 β_{hkl} 和峰位 θ,计算出核晶面方向的晶粒度。讨论不同结晶条件对结晶度、晶粒大小的影响。

【思考题】

(1) 影响结晶程度的主要因素有哪些?

(2) X 射线在晶体上产生衍射的条件是什么?

(3) 除 X 射线衍射法外,还可以使用哪些手段来测定高聚物的结晶度?

(4) 除仪器因素外,X 射线图上峰位置不正确可能由哪些因素造成?

11.3　小角激光衍射图像仪测定聚丙烯球晶尺寸

【实验目的】

掌握小角激光光散射法研究聚合物的球晶,并了解有关原理。

【实验原理】

根据光散射理论,当光波进入物体时,在光波电场作用下,物体产生极化现象,出现由外电场诱导而形成的偶极矩。光波电场是一个随时间变化的量,因而诱导偶极矩也就随时间变化而形成一个电磁波的辐射源,由此产生散射光。光波在物体中的散射,根据频谱的 3 个频段,可分为瑞利(Rayleigh)散射、拉曼(Raman)散射和布里渊(Brillouin)散射等。而 SALS 方法是可见光的瑞利散射。它是因物体内极化率或折射率的不均一性而引起的弹性散射,即散射光的频率与入射光的频率完全相同(拉曼散射和布里渊散射都涉及频率改变)。

图 11-12 为 SALS 法原理示意图。当在起偏镜和检偏镜之间放入一个结晶聚合物样品时,入射偏振光将被样品散射成某种花样图。图中的 θ 角为入射光方向与被样品散射的散射光方向之间的夹角,简称为散射角,μ 角为散射光方向在 YOZ 平面(底片平面)上的投影与 Z 轴方向的夹角,简称方位角。

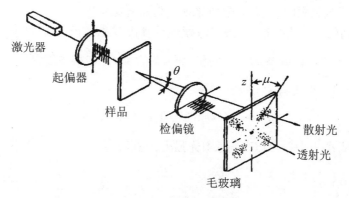

图 11-12　SALS 法原理示意图

当起偏镜与检偏镜的偏振方向均为垂直方向时,得到的光散射图样称为 V_V 散射;当两偏光镜正交时,得到的光散射图称为 H_V 散射;图 11-12 所示的四叶瓣状图形为 H_V 散射图样。

针对 SALS 散射图形的理论解释目前有模型法和统计法两种。

所谓模型法,是斯坦和罗兹从处于各向同性介质中的均匀的各向异性球的模型出发,描述聚合物球晶的光散射,根据瑞利-德拜-甘斯(Rayleigh-Debye-Gans)散射模型计算法可以得到 V_V 和 H_V 散射强度公式

$$I_{V_V} = AV_0^2\left(\frac{3}{U}\right)^2\Big[(a_i-a_s)(2\sin U - U\cos U - SiU) + (a_r-a_s)(SiU-\sin U)$$
$$+ (a_r-a_i)\cos^2\frac{\theta}{2}\cos^2\mu \times (4\sin U - U\cos U - 3SiU)\Big]^2 \tag{11-9}$$

$$I_{H_V} = AV_0^2\left(\frac{3}{U^3}\right)^2\Big[(a_i-a_r)\cos^2\frac{\theta}{2}\sin\mu\cos\mu \times (4\sin U - U\cos U - 3SiU)\Big]^2 \tag{11-10}$$

式中,I 为散射光强度,V_0 为球晶体积,a_i 和 a_r 分别为球晶在切向和径向的极化率,a_s 为环境介质的极化率,θ 为散射角,μ 为方位角,A 为比例常数。SiU 为一正弦积分,定义为 $SiU = \int_0^U \frac{\sin x}{x}\mathrm{d}x$,$U$ 为形状因子,对于半径为 R 的球晶

$$U = \left(\frac{4\pi R_0}{\lambda'}\right)\sin\left(\frac{\theta'}{2}\right) \tag{11-11}$$

式中,λ' 和 θ' 分别为光在聚合物中的波长和散射角。

从式(11-9)和式(11-10)可以看出,V_V 散射强度与 (a_i-a_s)、(a_r-a_s) 和 (a_r-a_i) 三项都有

关，H_V 散射强度只与球晶的光学各向异性项(a_i-a_r)有关，而与周围介质无关。此外，H_V 散射强度以 $\cos\mu\sin\mu$ 的形式随方位角 μ 变化而变化，故典型的 H_V 散射花样图是对称性很好的四叶瓣图形，且从 $\cos\mu\sin\mu=1/2\sin 2\mu$ 可知，对于某一固定的散射角 θ 而言，当 $\mu=45°$、$135°$、$225°$ 和 $315°$时，散射强度最大；当 $\mu=90°$、$180°$、$270°$、$360°$时，$\cos\mu\sin\mu=0$，$I_{H_V}=0$，故 H_V 散射图是对称的四叶瓣。V_V 散射图像呈二叶瓣形状，而当各向异性项贡献很小时，也可呈圆对称性。塞缪尔斯(Samuels)计算了全同立构聚丙烯薄膜 SALS 的理论值，并用等强度线画出，理论花样和实验 SALS 花样取得了很好的一致。当然，实际的测定和理论的计算总会有些偏差。由于在进行理论计算时既没有考虑球晶间的相互作用，也没有考虑球晶内部密度和各向异性起伏对散射的影响，在 θ 角很小或较大时，实验光强值比理论光强值要大些。

通过实验得到的 H_V 散射花样，可以方便地计算出球晶半径 R_0。对于某一固定方位角 μ 而言，式(11-10)中的 V_0、(a_i-a_r)、$\cos\mu$ 和 $\sin\mu$ 为常数，并在小角度测定的情况下，$\cos^2\dfrac{\theta}{2}$ 接近于 1，于是式(11-10)可改写为

$$I_{H_V} = \frac{B}{U^3}(4\sin U - U\cos U - 3SiU) \tag{11-12}$$

式中，B 为常数。从式(11-12)可以得到散射光强 I_{H_V} 在极大值时 $U_m=4.09$，代入式(11-11)可得

$$R_0 = \frac{4.09\lambda'}{4\pi\sin\left(\dfrac{\theta'_m}{2}\right)} \tag{11-13}$$

式中，θ'_m 为光强极大时聚合物中的散射角。根据折射定律

$$\sin\theta'_m = \frac{1}{n}\sin\theta_m, \quad \lambda' = \frac{1}{n}\lambda$$

$$R_0 = \frac{4.09\lambda_a}{4\pi\sin\left(\dfrac{\theta_{m,a}}{2}\right)} = \frac{0.206}{\sin\left(\dfrac{\theta_{m,a}}{2}\right)}(\mu) \tag{11-14}$$

式中，n 为聚合物的折射率；$\theta_{m,a}$ 为已经经过聚合物折射的散射角；λ_a 为光在空气中的波长。一般情况下可以用空气中的散射角 $\theta_{m,a}$，用氦氖激光器作为光源，$\lambda_a=0.6328\mu$。对照相法所摄底片上的 H_V 散射花样图进行光密度的测定，$\theta_{m,a}=tg^{-1}\dfrac{d}{L}$，$d$ 为 H_V 图中心到最大散射强度位置的距离，L 为样品到照相底片中心的距离。确定出口 $\theta_{m,a}$ 计算出球晶半径。从式(11-14)可看出，θ_m 越大，对应的球晶半径越小。在球晶尺寸较小，使用光学显微镜不方便的情况下，此法可以很快得到球晶的尺寸数据。必须注意的是，所得 R 值是样品中尺寸不同的球晶的统计的平均结果。若在结晶过程中摄取的散射图形随时间变化，则可求得球晶的生长速率。薄膜拉伸过程中球晶形变，发生形变的球晶的形状因子就不能再用式(11-11)表示。对于受单向拉伸的球晶而言，它的形状可以表达为

$$U = \left(\frac{4\pi R_0\lambda_s^{-\frac{1}{2}}}{\lambda'}\right)\sin\left(\frac{\theta}{2}\right)\left[1+(\lambda_s^3-1)\cos^2\frac{\theta}{2}\cos^2\mu\right]^{\frac{1}{2}} \tag{11-15}$$

式中，λ_s 为拉伸比(样品拉伸前后的长度比)，R_0 为球晶初始半径(未形变前的半径)。与未形变球晶不同，形变球晶的 H_V 散射花样在不同的方位角 μ 有着不同的 $\theta_m/2$。因此，可以选定两个

不同的方位角 μ_1 和 μ_2，再测定相对应的两个 θ_m 值：$\theta_{m,1}$ 和 $\theta_{m,2}$，将其数值代入式(11-15)，解联立方程可求得样品拉伸比 λ_s。

【试剂与药品】

全同立构聚丙烯、恒温水浴锅、小角激光散射仪(PP-1000 型)。

【实验步骤】

(1) 聚丙烯晶体样品的制备。将载玻片放在电炉上(200 ℃)，放少许聚丙烯粉末样品于载玻片上，待样品熔化后，盖上盖玻片并用砝码压匀样品，使样品膜薄无气泡。熔化 20 min 后，迅速投入恒温水浴中，恒温结晶 30 min。水浴温度分别为室温、40 ℃、50 ℃、60 ℃、70 ℃、80 ℃。

(2) 开启设备电源，进入操作界面，设置相关参数，将样品置于样品台上，调整检偏镜，使振动方向与起偏镜振动方向垂直，使散射图像 H_V 清晰，自动记录散射图像。

(3) 根据电子标尺对 H_V 散射图像进行矫正，并进行光密度测定，确定最大散射强度位置，记录 H_V 图像中心到最大散射强度位置的距离 d 和样品到图像中心的距离 L。

(4) 调整检偏镜，使其振动方向与起偏镜振动方向平行，观察球晶的 V_V 散射图像。

【数据处理】

(1) 制备球晶试样。

表 11-3　数据记录 I

样品序号	熔融温度(℃)	熔融时间(min)	结晶温度(℃)	结晶时间(min)
1				
2				
3				

(2) 记录球晶的小角激光散射的 H_V 图像，并进行光密度测定，确定 H_V 图像中最大散射强度位置，计算球晶的平均半径 R_0。

表 11-4 数据记录 II

样品序号	D(cm)	L(cm)	θ_m	$R_0(\mu m)$

(3) 打印各个样品的小角激光散射图像(附 H_V 和 V_V 图)。

【思考题】

(1) 为什么球晶半径越小，散射图形越大？

(2) 当球晶较小时，用偏光显微镜研究已很困难，然而球晶越小，小角激光散射图像越大，简述其原因。

第2部分

高分子成型加工与分析测试实验

实验 12　塑料的加工实验

12.1　聚丙烯挤出造粒实验

【实验目的】

了解挤出机的基本结构及各部分的作用;熟悉挤出成型的原理;掌握挤出成型的基本操作。

【实验原理】

1. 塑料造粒

合成树脂性能单一,通常需要加入各种助剂才能满足制品的要求,为此就要将树脂与助剂混合,制成颗粒,这步工序称作造粒。树脂中加入功能性助剂可以制备功能性母粒,造出的颗粒是塑料成型加工的原料。使用颗粒料成型加工的主要优点包括:

(1) 颗粒料比粉料加料方便,无需强制加料器;

(2) 颗粒料比粉料密度大,制品质量好;

(3) 挥发物及空气含量较少,制品不容易产生气泡;

(4) 使用功能性母料比直接添加功能性助剂更容易分散。

塑料造粒可以使用辊压法混炼,塑料出片后切粒,也可以使用挤出造粒,本实验采用挤出造粒的工艺。

2. 挤出成型原理及应用

挤出成型是热塑性塑料主要的成型方法之一。塑料的挤出成型是指塑料在挤出机中,在一定的温度和一定的压力下熔融塑化,并连续通过有固定截面的模型,得到具有特定断面形状连续型材的加工方法。不论是挤出造粒还是挤出制品都分两个阶段:第一阶段,固体状树脂原料在机筒中,借助于料筒外部的加热和螺杆转动的剪切挤压作用而熔融,同时熔体在压力的推动下被连续挤出口模;第二阶段,被挤出的型材失去塑性变为固体(即制品),可为条状、片状、棒状、管状。因此,应用挤出成型的方法既可以造粒也能够生产型材或异型材。

【材料和仪器】

聚丙烯(PP)、抗氧剂 1010、抗氧剂 168、光稳定剂 UV-3346、液体石蜡、双螺杆挤出机(SHJ-20)、切粒机、冷却水槽等。

双螺杆挤出机的主要技术参数为 $\Phi20$ mm,螺杆长径比为32,螺杆转速为50 r/min,加热温度小于350 ℃。挤出机的主体结构如图12-1所示。

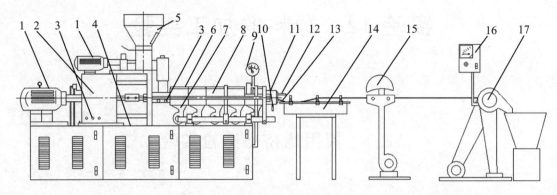

图 12-1　挤出机的主体结构示意图

1. 电动机;2. 减速箱;3. 冷却水;4. 机座;5. 料斗;6. 加热器;7. 鼓风机;
8. 机筒;9. 真空表;10. 压力传感器;11. 机头和口模;12. 热电偶;13. 条状
挤出物;14. 水槽;15. 风环;16. 切粒机控制面板;17. 切粒机

1. 传动装置

传动装置由电动机、减速机构和轴承等组成,具有保障挤出过程中螺杆转速恒定、制品质量的稳定以及能够变速的作用。

2. 加料装置

无论原料是粒状、粉状或片状,加料装置都采用加料斗。加料斗内应有切断料流、标定料量和卸除余料等装置。

3. 料筒

料筒是挤出机的主要部件之一,塑料的混合、塑化和加压过程都在其中进行。挤出时料筒的压力很高,工作温度一般为 $180\sim250$ ℃,所以料筒是受压和受热的容器,通常由高强度、坚韧耐磨和耐腐蚀的合金制成。料筒外部设有分区加热和冷却的装置,而且都各自附有热电偶和自动仪表等。

4. 螺杆

螺杆是挤出机的关键部件。根据螺杆的不同结构特性和工作原理可将其分为如下几类:

(1) 非啮合与啮合型双螺杆。

(2) 啮合区与封闭型双螺杆。

(3) 同向旋转和异向旋转双螺杆。

(4) 平行和锥形双螺杆。

通过螺杆转动,料筒内的塑料发生移动,得到增压和部分热量(摩擦热)。螺杆的几何参数,如直径、长径比、各段长度比和螺槽深度等,对螺杆的工作特性均有重大影响。

(5) 口模和机头。

机头是口模与料件之间的过渡部分,其长度和形状视所用塑料的种类、制品的形状、加热方法和挤出机的大小、类型而定。机头和口模结构的好坏对制品的产量和质量影响很大,其尺寸根据流变学和实践经验确定。

【实验步骤】

(1) 根据塑料物性表初步设定挤出机各段、机头和口模的控温范围,同时拟定螺杆转速、加料速率、熔体压力、真空度、牵引速率和切粒速率等。

(2) 检查挤出机各部分,确认设备正常,接通电源,加热,同时开启料座夹套水管。待各段预热达到要求温度时,再次检查并趁热拧紧机头各部分的螺栓等衔接处,保温 10 min 以上。

(3) 启动油泵,再开动主机。在螺杆转动后先加少量混合料,注意进料和电流计情况。待有熔料挤出后,将挤出物用手(戴上手套)慢慢引上冷却牵引装置,同时开动切粒机切粒并收集产物。

(4) 若挤出平稳,则继续加料,控制各部分温度,维持正常操作。

(5) 观察挤出料条的形状和外观质量,记录挤出物均匀、光滑时的各段温度等工艺条件,记录一定时间内的挤出量,计算产率,重复加料,维持操作 1 h。

(6) 实验完毕,按以下顺序停机:

① 将喂料机调至零位,按下喂料机"停止"按钮;

② 关闭真空管路阀门;

③ 降低螺杆转速,尽量排出机筒内残留物料,将转速调至"0"位,按下主电机"停止"按钮;

④ 依次按下电机冷却风机、油泵、真空泵、切粒机的"停止"按钮,断开加热器电源开关;

⑤ 关闭各进水阀门;

⑥ 对排气室、机头模面和整个机组表面进行清扫。

【实验记录和数据处理】

(1) 列出实验用挤出机的技术参数。

(2) 计算挤出产率。

【思考题】

(1) 影响挤出物均匀性的主要因素有哪些? 怎样影响? 如何控制?

(2) 造粒工艺有几种造粒方式? 各有何特点?

12.2　聚丙烯注射成型实验

【实验目的】

掌握注射成型工艺及其成型原理;熟悉注射机的操作及使用方法;了解注射机的基本结构。

【实验原理】

注射成型是指将热塑性塑料从注射机的料斗加入料筒,在加热熔化至流动状态后,经螺杆或柱塞推挤并通过料筒前端喷嘴注入闭合的模具型腔中,充满模具的熔料在受压情况下,经冷却固化后即可保持模具型腔所赋予的形状,打开模具即得制品,并在操作上完成一个模塑周期。这种方法具有成型周期短、生产效率高、制品精度好、成型适应性强、易实现生产自动化等特点,所以应用十分广泛。采用注射成型制备标准试样还可以研究塑料的力学、热学和电学性能,分析工艺与性能的关系,选择合理的成型条件,以求生产时获得最佳的经济效益。

注射成型是通过注射机来实现的,注射机的类型很多,不同的注射机工作时完成的动作程序可能不完全相同,但成型的基本过程和过程原理是相同的。用螺杆式注射机制备热塑性塑料制品的基本程序分为五步。

1. 合模与锁紧

动模以低压快速进行闭合,与定模将要接触时,合模动力系统自动切换成低压低速,再切换成高压将模具锁紧。

2. 注射装置前移和注射

确认模具锁紧后,注射装置前移,使喷嘴与模具贴合。液压油进入注射油缸,推动与油缸活塞杆相连的螺杆,将螺杆头部均匀塑化的物料以规定的压力和速率注入模具型腔,直至熔料充满全部模腔,从而实现充模程序。熔料注入模腔时,螺杆作用面的压力为注射压力(Pa),螺杆移动的速率为注射速率(cm/s)。熔料能否充满模腔,取决于注射时的速率、压力以及熔体温度、模具温度。熔体温度和模具温度通过熔体黏度、流动性质变化来影响充模程序的速率。在其他工艺条件稳定的情况下,熔体充填时的流动状态受注射速率制约。速率慢、充模的时间长,剪切作用使熔体分子取向程度增大。反之,则充模的时间短、熔料温度差较小、密度均匀,熔体强度较高,制品外观及尺寸稳定性良好。但是,注射速率过快时,熔体高速流经截面变化的复杂流道并伴随热交换行为,会出现十分复杂的流变现象,制品可能出现不规则流动及过量充模的弊病。

注射压力使熔体克服料筒、喷嘴、浇道、模腔等处的流动阻力,以一定的充模速率注入模腔,一经注满,模腔内的压力迅速达到最大值,而充模速率则迅速下降,熔料被压实。在其他工艺条件不变时,熔体在模腔内充填过量或不足取决于注射压力的高低,进而直接影响分子取向程度和制品的外观质量。

3. 保压

熔料注入模腔后,由于冷却作用,熔料会发生收缩并出现空隙,为保证制品的致密性、尺寸精度和强度,须对模具保持一定的压力进行补缩、增密。这时螺杆作用面的压力为保压压力(Pa),保压时螺杆位置将会少量向前移动。保压压力可以等于或低于注射压力,其大小以能实现压实、补缩、增密作用为量度。保压时间以压力保持到浇口刚好封闭时为好。过早卸压会引起模腔内熔料倒流,产生制品不足的毛病。而保压时间过长或保压压力过大时,过量的充填会使浇口周围形成内应力。同时因为模腔内熔料温度不断降低,取向分子冷却冻结,制品内应力增大,所以易产生开裂、脱模困难等现象。

4. 制品冷却和预塑化

完成保压程序,卸去保压压力,物料在模腔内冷却定型所需要的时间称为冷却时间。冷却时间的长短与塑料的结晶性能、状态转变温度、热导率、比热容、刚性、制品厚度、模具冷却效率等有关。冷却时间应以塑料在开模顶出时具有足够的刚度,不致引起制品变形为宜。在保证制品质量的前提下,为获得良好的设备使用效率和劳动生产率,应尽量减少冷却时间及其他各程序的时间,以求缩短完成一次成型所需的全部操作时间(即成型周期)。除冷却时间外,模具温度也是冷却过程控制的一个主要因素。模温高低与塑料结晶性能、状态转变温度、热性能、制品形状、使用要求、其他工艺条件关系密切。

为缩短成型周期,提高生产效率,当浇口冷却、保压过程结束时,注射机螺杆在液压马达的驱动下开始转动,将来自料斗的塑料向前输送。在机筒外加热和螺杆剪切热的共同作用下,塑料均匀融化,最终成为熔融黏流态的流体。在螺杆的输送作用下存积于螺杆头部的机筒中,从而实现塑料原料的塑化。螺杆的转动一方面使塑料塑化并向其头部移动,另一方面也使存积于头部的塑料熔体产生压力,这个压力称为塑化压力(Pa)。由于塑化压力的作用,使得螺杆向后退移,螺杆后移的距离反映出螺杆头部机筒中存积的塑料熔体体积,注射机螺杆的这个后退距离(即每次预塑化熔体体积),也就是注射熔体计量值应根据成型制件所需要的注射量进行调节设定。螺杆在转动并后退到设定的计量值时,在液压和电气控制系统的控制下就停止转动,完成塑料的预塑化和计量,即完成预塑化程序。注射螺杆的尾部是与注射油缸连接在一起的,在螺杆后退的过程中,螺杆会受到各种摩擦阻力和注射油缸内液压油回流的阻力作用。注射油缸内液压油回流的阻力产生的压力称为螺杆背压。塑料原料在预塑过程中的各种工艺参数(各部分的压力、温度等)是根据不同制件的塑料材料进行设定的。

5. 注射装置后退和开模顶出制品

注射装置后退的目的是为了防止喷嘴和模具长时间接触散热,从而形成冷料,进而影响下次注射。将注射装置后退,让喷嘴脱开模具,此操作是否进行视成型工艺需要选用。

模腔内制品冷却定型后,合模装置即开启模具,顶出机构顶落制品,准备再次闭模,进入下一个成型周期。

【材料和仪器】

挤出造粒的聚丙烯(PP)、注射机(JG-SZ580C)。注射机的主要性能参数如表 12-1 所示。

表 12-1　注射机的主要性能参数

1	注射量(g)	100
2	注射压力(MPa)	165
3	注射速率(cm^3/s)	91
4	螺杆直径(mm)	34
5	螺杆行程(mm)	120
6	螺杆转速(r/min)	0～180
7	合模力(t)	60
8	模板行程(mm)	220
9	注射模具(力学性能试样模具)	1 副

注射成型机主体结构如图 12-2 所示。

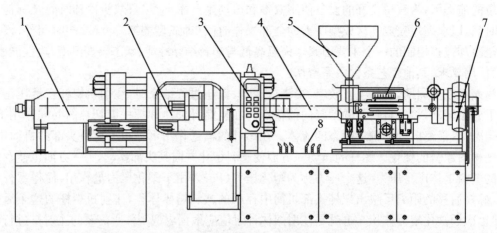

图 12-2　注射成型机主体结构示意图
1. 合模机构；2. 顶出装置；3. 操纵按钮；4. 塑化机构；5. 料斗；
6. 加料计量装置；7. 注射油缸；8. 冷却系统

【实验步骤】

1. 准备工作

阅读注射机使用说明书，了解机器的工作原理、安全要求和使用程序。

（1）根据原料的型号、成型工艺特点和制品（试样）的质量要求，参考有关产品的工艺条件介绍，初步拟定实验条件，如原料的干燥条件、料筒温度和喷嘴温度、螺杆转速、背压和加料量、注射速率、注射压力、保压压力和保压时间、模具温度和冷却时间、制品的后处理条件。

（2）按实验设备操作规程要求，做好注射机的检查、维护工作，并做好开机准备。

（3）用手动/低压开、合模操作，安装好试样模具。

2. 制备试样

（1）手动操作方式。

① 在注射机显示屏温度值达到实验条件时，恒温 30 min，加入塑料并运行预塑程序，用慢速进行对空注射。观察从喷嘴流出的料条。若料条光滑明亮，无变色、银丝、气泡，则说明原料质量与预塑程序的条件基本适用，可以制备试样。

② 依次进行下列手动操作程序：

闭模→预塑→注射座前移→注射充模→保压→预塑/冷却→注射座后退→冷却定型→开模→顶出→开安全门→取件→关安全门。

读出并记录注射压力（表值）、螺杆前进的距离和时间、保压压力（表值）、背压（表值）和驱动螺杆的液压力（表值）等数值。记录料筒温度、喷嘴温度、注射-保压时间、冷却时间和成型周期。

通过取得的缺料制品观察熔体某一瞬间在矩形、圆形流道内的流速分布。通过制得试样的外观质量判断实验条件是否恰当，对不恰当的实验条件进行调整。

（2）半自动操作方式。

在确定的实验条件下，连续稳定地制取 5 模以上作为第一组试样。然后依次变化工艺条件，如注射速率、注射压力、保压时间、冷却时间和料筒温度。

注意：实验时，每一次调节料筒温度后应有适当的恒温时间。

3. 实验总结

按 GB/T 1039—1992 塑料力学性能实验方法总则，观察每组试样的外观质量，记录不同实验条件下试样外观质量的变化情况。

【实验记录和数据处理】

（1）写出实验所用原料的工艺特性；记录注射机与模具的技术参数。

（2）表列各组试样注射工艺条件，分析试样外观质量与成型工艺条件之间的关系，简述其原因。

（3）将取得的各组试样留做力学、热学性能测试材料。

【思考题】

（1）在选择料筒温度、注射速率、保压压力、冷却时间的时候，应该考虑哪些问题？

（2）从聚丙烯的化学结构、物理结构分析其成型工艺的特点？

实验 13　橡胶的加工实验

13.1　橡胶的塑炼混炼、硫化成型实验

【实验目的】

掌握橡胶配方设计基本知识；熟悉橡胶加工成型各个环节与制品质量的关系；了解双辊开炼机、平板硫化机的基本结构、工作原理，学会操作方法。

【实验原理】

1. 生胶的塑炼

生胶是线性的高分子化合物，在常温下大多数处于高弹态。然而，生胶的高弹性却给成型加工带来极大的困难，一方面各种配合剂无法在生胶中均匀分散，另一方面由于可塑性小，不能获得所需的各种形状。为满足加工工艺的要求，使生胶由强韧的弹性状态变成柔软且具有可塑性状态的工艺过程称作塑炼。

生胶经塑炼可增加其可塑性，其实质是生胶分子链断裂、相对分子量降低，从而使生胶的弹性下降。生胶在塑炼时，主要受到机械力、氧、热、电和某些化学塑解剂等因素的作用。工艺上用降低生胶相对分子质量来获得可塑性的塑炼方法可分为机械塑炼法和化学塑炼法两大类，其中机械塑炼法应用最为广泛。橡胶机械塑炼的实质是力化学反应过程，即在机械力作用及氧或其他自由基受体存在下进行的反应。在机械塑炼过程中，机械力使大分子链断裂，氧对橡胶分子起化学降解作用，这两个作用同时存在。

本实验使用双辊开炼机对橡胶进行机械法塑炼。生胶置于开炼机的两个相向转动的辊筒间隙中，在常温下反复受机械力作用，使分子链断裂，与此同时，断裂后的大分子自由基在空气中氧的作用下，发生了一系列化学反应，最终达到降解，生胶从原先强韧高弹性变为柔软可塑性，满足混炼的要求。塑炼的程度和塑炼的效率主要与辊筒的间隙和温度有关，间隙愈小，温度愈低，力化学作用愈大，塑炼效率愈高。此外，塑炼的时间、塑炼工艺操作方法和是否加入塑解剂也影响塑炼效果。

2. 橡胶的配合剂

橡胶配合剂常包括硫化剂、硫化促进剂、活性剂、防老剂、补强剂、石蜡和机油等。橡胶必须经过交联（硫化）才能改善其物理机械性能和化学性质，使橡胶制品具有实用价值。硫黄是橡胶

硫化最常用的交联剂。同时选用两种促进剂,使用不同的促进剂是因为它们的活性强弱和活性温度有所不同,在硫化时促进交联作用更加协调,充分显示促进剂效果;活性剂在炼胶和硫化过程中起活化作用;化学防老剂多为抗氧剂,用来防止橡胶大分子在加工及其后续应用过程中氧化降解,达到稳定的目的;石蜡与大多数橡胶的相容性不良,能集结在制品表面起到滤光阻氧等防老化效果,并且在成型加工中起到润滑作用;炭黑作为补强剂有补强和降低成本的作用,其用量多少影响制品的硬度和力学强度;机油作为橡胶软化剂可改善混炼加工性能和制品柔软性。

3. 胶料的混炼

混炼就是将各种配合剂与塑炼胶在机械作用下混合均匀并制成混炼胶的过程。混炼过程的关键是各种配合剂能完全均匀地分散在橡胶中,从而保证胶料的组成和各种性能均匀一致。

为了获得配合剂在生胶中的均匀混合分散,必须借助炼胶机的强烈机械作用进行混炼。混炼胶的质量控制对保持橡胶半成品和成品性能有着重要意义。混炼胶组分比较复杂,不同性质的组分对混炼过程、分散程度以及混炼胶的结构有很大的影响。

本实验混炼是在开炼机上进行的。为了取得一定的可塑性且性能均匀的混炼胶,除了控制辊距的大小、适宜的辊温之外,必须按一定的加料顺序操作。一般的原则是:量少难分散的配合剂首先加到塑炼胶中,让其有较长的时间分散;量多易分散的配合剂后加;硫黄最后加入,因为一旦加入硫黄,便可能发生硫化反应,过长的混炼时间会使胶料焦烧,不利于后续的成型和硫化工序。

4. 橡胶制品的模压硫化

橡胶制品种类繁多,其成型方法也是多种多样,最常见的有模压法、注压法、压出和压延等。因为橡胶大分子必须通过硫化才能成为最终的制品,所以橡胶制品的成型大部分仅限于半成品的成型。例如,压出和压延等方法所得的具有固定断面形状的连续制品,以及某些通过几部分半制品贴合而成的结构比较复杂的模型制品,这仅是半成品,其后均要经硫化反应才能定型为制品。而注压和模压成型的制品其硫化已在成型时同时完成,所得的就是最终的制品。

本实验采用模压成型法制备天然胶硫化胶片,它是将一定质量的混炼胶置于模具的型腔内,通过平板硫化机在一定的温度和压力下成型,同时经过一定时间使胶料发生适当的交联反应,最终制得制品的过程。

天然橡胶的硫化机理是:在促进剂的活性温度下,由于活性剂的活化,促进剂分解成游离基,促使硫黄成为活性硫,同时聚异戊二烯主链上的双键打开形成橡胶大分子自由基,活性硫原子作为交联键桥使橡胶大分子间交联起来形成立体网状结构。硫化过程中的主要控制工艺条件是硫化温度、压力和时间,这些硫化条件对硫化质量有着非常重要的影响。

【材料和仪器】

1. 材料

烟片胶、硫黄、促进剂 CZ 和 TMTD、氧化锌、硬脂酸、防老剂 4020、机油、双辊开炼机(XK-160)、平板硫化机(350 mm×350 mm)、不锈钢模板、天平、制样机、游标卡尺、剪刀等。

2. 仪器设备

(1) 双辊开炼机的主体结构如图 13-1 所示。

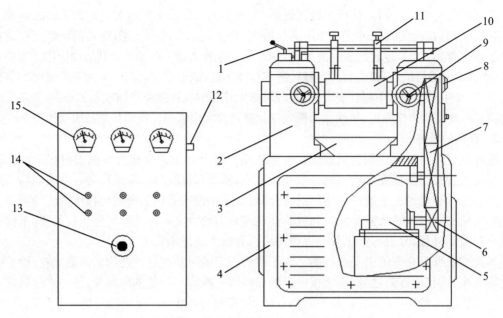

图 13-1　双辊炼胶机主体结构示意图

1. 紧急制动开关；2. 辊筒座；3. 接料盘；4. 支架；5. 电机；6、7、8. 齿轮；
9. 辊间距调节轮；10. 辊筒；11. 加料间距调节板；12. 控制箱开关；13. 加
热旋钮；14. 辊筒和加热开关；15. 电压表

（2）平板硫化机的主体结构如图 13-2 所示。

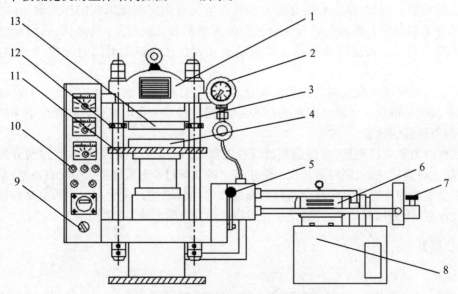

图 13-2　平板硫化机主体结构示意图

1. 上机座；2. 压力表；3. 柱轴；4. 下平板；5. 操作杆；6. 油泵；
7. 调压阀；8. 工作液缸；9. 开关；10. 调温旋钮；11. 升降平板；
12. 限位装置；13. 活动平板

【实验步骤】

1. 塑炼、混炼

(1) 按照双辊开炼机操作规程,开启开炼机,调节辊间距为 2~3 mm。

(2) 在辊隙上部加上初混物料(天然橡胶),操作开始后,从两辊间隙掉下的物料需立即再放回辊隙中,不要让物料在辊隙下方的搪瓷盘内停留时间过长,且注意经常保留一定的辊隙存料。待混合料已黏合成包辊的连续状料带后,调节辊间距为 0.5 mm 左右,控制辊温在 45 ℃左右,按照一定的加料顺序加料,胶片薄通到规定次数。

(3) 混炼过程中,用切割装置或铜刀不断地将物料从辊筒上拉下来折叠辊压,或者把物料翻过来沿辊筒轴向将不同的料团折叠交叉后再送入辊隙中,使各组分充分分散,均匀塑化。

(4) 辊压 6~8 min 后,再将辊距调至 2~3 mm,薄通 1~2 次,若物料色泽已均匀,截面不显毛粒、光泽且有一定强度时,则结束辊压过程。迅速将塑炼好的料带整片剥下,平整放置,按压模板框尺寸剪裁成片坯,也可以在出片后放置平整。

2. 模压硫化

(1) 按照平板硫化机操作规程,检查硫化机各部分的运转、加热和冷却情况并调节到工作状况,利用硫化机的加热和控温装置将硫化机上、下模板加热至 145±5 ℃。

(2) 把裁剪好的片坯重叠在不锈钢模板中,放入硫化机平板中间。启动硫化机,使已加热的硫化机上、下模板与装有叠合板坯的模具相接触(此时模具处于未受压状态),加压、泄压 3~4 次,排除气泡,然后闭模加压至所需表压,当物料温度稳定到 145±5 ℃时,进行硫化。

(3) 保温、保压至 T_{90} 时,开模,冷却,取出模具,脱模修边得到橡胶制品。

【实验记录和数据处理】

(1) 混炼胶配方及加料顺序如表 13-1 所示。

表 13-1 混炼胶配方

原料	份数(phr)	质量(g)
烟片胶	100	
氧化锌	5.0	
硬脂酸	2.0	
防老剂	1.0	
促进剂 CZ	1.5	
促进剂 TMTD	0.5	
机油	2	
填料	0、5、10、15、20、25	
硫黄	2.5	

（2）混炼、硫化工艺参数和外观记录如表 13-2 所示。

表 13-2　混炼、硫化工艺参数

配方编号	混炼		硫化			
	温度（℃）	时间（min）	上、下模板温度（℃）	表压（MPa）	时间（min）	模板压强（MPa）
1						
2						
3						
4						
5						
6						

【思考题】

（1）橡胶配方中各组分的作用是什么？

（2）橡胶的硫化三要素和硫化机理是什么？

13.2　橡胶硫化特性实验

【实验目的】

深刻理解橡胶的硫化特性及其意义；熟悉橡胶硫化仪的结构和工作原理；熟练操作硫化仪和准确处理硫化曲线。

【实验原理】

橡胶硫化是橡胶加工中重要的工艺过程之一。硫化是指橡胶的物理机械性能和化学性能变化的过程，其中主要为化学反应，发生了一系列复杂的化学交联过程。硫化的结果是：使未硫化胶变成硫化胶，使橡胶由塑性物质变成弹性物质，从而具有良好的物理机械性能和化学性能，成为具有使用价值的材料。

硫化胶性能会随硫化时间的长短发生不同变化，一般的规律是：拉伸强度、撕裂强度首先随硫化时间增加而上升，当增至一定值后逐渐下降；伸长率、生热、变形随硫化时间增加而减少；硬度、弹性随硫化时间增加而增至某一定值。由此可见，硫化时间是表征橡胶硫化程度的重要标志，硫化时间的选取决定了硫化胶性能的好坏。

典型的橡胶硫化曲线如图 13-3 所示，C 点以前的转矩变化是硫化和老化综合作用的结果。C 点以后的变化仅是由老化过程引起的，老化过程是断裂和交联的竞争过程。当断裂占优势时,转矩达到最大值后开始沿 CR 下降,产生硫化返原现象;当交联占优势时,转矩沿 CM 上升;当断裂和交联相当时,曲线沿 CP 延伸。

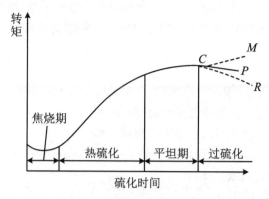

图 13-3　典型的橡胶硫化曲线

正硫化通常是指橡胶制品的各种物理机械性能达到最佳值时的硫化状态。理论上正硫化时间指的是达到正硫化状态所需的时间,欠硫或过硫,橡胶的物理机械性能都显得较差。在实际应用上,因为橡胶的各项性能往往不会在同一时间都达到最佳值,且对制品的要求往往侧重于某一、两个方面,所以常常侧重于某些性能来选择和确定最佳正硫化时间。显然,这与上述正硫化时间概念不同,我们称其为工艺正硫化时间或技术正硫化时间。测定正硫化程度的方法有化学法、物理法和仪器法。前两种方法虽然都能在一定程度上测定胶料的硫化程度,但存在不少缺点:一是麻烦;二是不经济;三是精度低,重现性差,尤其是不能连续测定硫化全过程。随着科学技术的发展,仪器法被用于测定橡胶的硫化特性(如硫化焦烧时间、正硫化时间等)。经过不断的改进,该技术日趋完善,表现出诸多优点,如测定快速、准确、方便、试样用料少、能连续测定硫化全过程,因此在国内外得到广泛使用。仪器法中常用到的仪器是硫化仪,硫化仪测定和记录的是转矩值,用于反映胶料的硫化程度。

(1) 因为橡胶的硫化过程实际上是线性高分子材料进行交联的过程,所以通过交联点密度的大小(单位体积内交联点的数目)就可以检测出交联程度。根据弹性统计理论可知

$$G = \rho R T \tag{13-1}$$

式中,G 为剪切模量,MPa;ρ 为交联点密度,mol/mL;R 为气体常数,Pa·L/(mol·K);T 为绝对温度。K、R、T 是常数,故 G 与 ρ 成正比,只要得出 G 就能反映交联程度。

(2) G 与转矩 M 也存在一定的线性关系,从胶料在模腔中的受力分析可知,转子由于做 $\pm 3°$ 的摆动,对胶料施加一定的力使之形变,与此同时,胶料将产生剪切力、拉伸力、扭力等。这些力的合力 F 对转子产生转矩 M,阻碍转子转动,而且随着胶料逐渐硫化,其 G 值也会逐渐增加,转子摆动在定应变的情况下,所需转矩也成正比例增加,上述关系可以表示为

$$M = FS \tag{13-2}$$

式中,M 为胶料阻碍转子转动的转矩,N·m;F 为胶料阻碍转子转动的综合力,N;S 为力对转子轴的垂直距离,m。S 为常数,故 M 与 F 成正比。

$$F \infty \sigma_{总} \tag{13-3}$$

式中,F是胶料阻碍转子转动的综合力,显而易见,它与胶料单位面积上阻碍转子转动的力(即应力$\sigma_\text{总}$)是成正比关系的。

因为M与F、F与$\sigma_\text{总}$、$\sigma_\text{总}$与G、G与R之间都存在着线性关系,所以M与G之间也存在着线性关系,从而通过测定胶料转矩的大小就可以反映胶料的交联密度。

【实验步骤】

(1) 打开无转子硫化仪后面的红色按钮,启动无转子硫化仪并打开电脑和空气压缩机。

(2) 打开主机电源,按工艺条件设定好温度和时间。

(3) 到了设定温度后,启动测试软件进入测试界面。

(4) 按"开模"按钮,将模打开,在模腔上垫上一张 4 cm×4 cm 玻璃纸,将胶料放在玻璃纸上,再在胶料上放上一张玻璃纸。

(5) 按"测试"按钮,将模闭合。

(6) 在模闭合后测试自动开始,达到设定时间后自动停止,自动开模。

(7) 用尖嘴钳将试样取出。

(8) 若继续做下一个测试就放入试样,按"测试"按钮继续测试;若停止做测试就将模合下,按"停止测试"按钮,使测试中断。

(9) 实验结束后保存数据,清理模腔。

【实验记录和数据处理】

硫化仪记录装置绘出的曲线就是与剪切模量G成正比关系的转矩随时间变化曲线,这个曲线通常称为硫化曲线,绘图仪自动打印T_{10}、T_{50}、T_{90}的时间,做记录。

【思考题】

(1) 橡胶硫化特性的测定有何实际意义?

(2) 影响硫化特性的主要因素是什么?

(3) 为什么说硫化特性曲线能近似地反映橡胶的硫化历程?

实验 14 塑料及橡胶的测试分析实验

14.1 聚丙烯样条的冲击实验:简支梁冲击实验

【实验目的】

掌握简支梁冲击实验方法(Charpy 方法)、操作及其实验数据处理;了解测试条件对测定结果的影响。

【实验原理】

把摆锤从垂直位置挂于机架的扬臂上,此时扬角为 α,它便获得了一定的位能,若任其自由落下,则此位能转化为动能,将试样冲断,冲断以后,摆锤以剩余能量升到某一高度,升角为 β(图 14-1)。

根据摆锤冲断试样后升角 β 的大小,即可绘制出读数盘,由读数盘可以直接读出冲断试样时所消耗的功的数值。将此功除以试样的横截面积,即为材料的冲击强度。

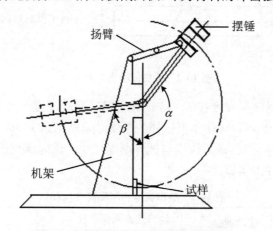

图 14-1 摆锤式冲击实验机的工作原理

【实验仪器和材料】

1. 试样

(1) 注塑标准试样。试样表面应平整、无气泡、无裂纹、无分层和无明显杂质,缺口试样在缺口处应无毛刺。试样类型和尺寸以及对应的支撑线间距如表 14-1 所示,缺口试样的类型和尺寸如图 14-2 所示。优选试样类型为 1 型,优选缺口类型为 A 型。

表 14-1　试样类型、尺寸及对应的支撑线间距(mm)

试样类型	长度 L		宽度 b		厚度 d		支撑线间距 L'
	基本尺寸	极限偏差	基本尺寸	极限偏差	基本尺寸	极限偏差	
1	80	±2	10	±0.5	4	±0.2	60
2	50	±1	6	±0.2	4	±0.2	40
3	120	±2	15	±0.5	10	±0.5	70
4	125	±2	13	±0.5	13	±0.5	95

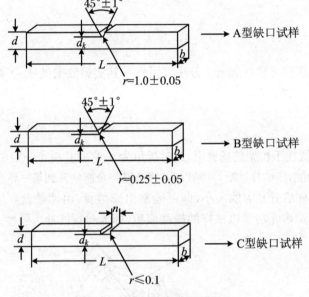

图 14-2　缺口试样类型和尺寸

(2) 板材试样。板材试样厚度在 3～13 mm 之间时取原厚度。大于 13 mm 时应对两面均匀地进行机械加工到 10±0.5 mm。4 型试样的厚度必须加工到 13 mm。

当使用非标准厚度试样时,缺口深度与试样厚度尺寸之比应满足表 14-2 列示的要求,厚度小于 3 mm 的试样不做冲击实验。

表 14-2　缺口类型和制品尺寸(mm)

试样类型	缺口类型	缺口剩余厚度 d_k	缺口底部圆弧半径 r		缺口宽度 n	
			基本尺寸	极限偏差	基本尺寸	极限偏差
1,2 3,4	A	0.8d	0.25	±0.05	/	/
	B	0.8d	1.0	±0.05	/	/
1,3	C	2/3d	≤0.1	/	2	±0.2
2	C	2/3d	≤0.1	/	0.8	±0.1

　　如果受试材料的产品标准有规定,那么可用带模塑缺口的试样,模塑缺口试样和机械加工缺口的试样实验结果不能相比。除受试材料的产品标准另有规定外,每组试样数应不少于 10个。各向异性材料应从垂直和平行于主轴的方向各切取一组试样。

2. 仪器设备

摆锤式简支梁冲击实验机。

【实验步骤】

　　(1) 对于无缺口试样,分别测定试样中部边缘和试样端部中心位置的宽度和厚度,并取其平均值作为试样的宽度和厚度,准确至 0.02 mm。缺口试样应测量缺口处的剩余厚度,测量时应在缺口两端各测一次,取其算术平均值。

　　(2) 根据试样破坏时所需的能量选择摆锤,使消耗的能量在摆锤总能量的 10%~85%。

　　(3) 调节能量刻度盘指针零点,使它在摆锤处于起始位置时与主动针接触。进行空白实验,保证总摩擦损失在规定的范围内。

　　(4) 抬起并锁住摆锤,把试样按规定放置在两支撑块上,试样支撑面紧贴在支撑块上,使冲击刀刃对准试样中心;对于缺口试样,使刀刃对准缺口背向的中心位置,冲击刀刃和支座尺寸如图 14-3 所示。

　　(5) 平稳释放摆锤,从刻度盘上读取试样破坏时所吸收的冲击能量值。试样无破坏的,吸收的能量不应进行取值,实验记录为不破坏或完全不破坏(NB);试样完全破坏或部分破坏的可以进行取值。

　　(6) 如果同种材料在实验中出现一种以上的破坏类型时,那么应在报告中标明每种破坏类型的平均冲击值和试样破坏的百分数。不同破坏类型的结果不能进行比较。

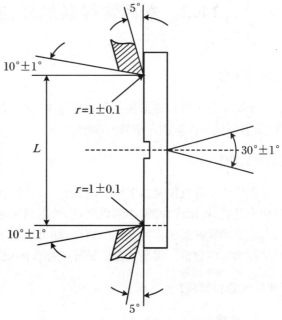

图 14-3　标准试样的冲击刀刃和支座尺寸
(单位:mm)

【实验记录和数据处理】

1. 无缺口试样简支梁冲击强度 $a(\mathrm{kJ/m^2})$

$$a = \frac{A}{b \cdot d} \times 10^3 \tag{14-1}$$

式中,A 为试样吸收的冲击能量值,J;b 为试样宽度,mm;d 为试样厚度,mm。

2. 缺口试样简支梁冲击强度 $a_k(\mathrm{kJ/m^2})$

$$a_k = \frac{A_k}{b \cdot d_k} \times 10^3 \tag{14-2}$$

式中,A_k 为试样吸收的冲击能量值,J;b 为试样宽度,mm;d_k 为缺口试样缺口处剩余厚度,mm。

3. 标准偏差 s

$$s = \sqrt{\frac{\sum(x-\overline{x})^2}{n-1}} \tag{14-3}$$

式中,x 为单个试样测定值;$\overline{x}$ 为一组测定值的算术平均值;n 为测定值个数。

【思考题】

如果试样上的缺口是机械加工而成,那么在加工缺口过程中,哪些因素会影响测定结果?

14.2　聚丙烯样条的冲击实验:悬臂梁冲击实验

【实验目的】

掌握高分子材料冲击性能测试中悬臂梁冲击实验方法(Izod 方法)、操作及其实验数据处理;了解测试条件对测定结果的影响。

【实验原理】

把摆锤从垂直位置挂于机架的扬臂上,它便获得了一定的位能,若任其自由落下,则此位能转化为动能,将试样冲断,冲断以后,摆锤以剩余能量升到某一高度。

根据摆锤冲断试样后升到的高度,即可绘制出读数盘,由读数盘可以直接读出冲断试样时所消耗的功的数值。将此功除以试样的横截面积,即为材料的冲击强度。

【实验仪器和材料】

1. 试样

(1) 模塑和挤出塑料。最佳试样为 1 型试样,长为 80 mm,宽为 10 mm;最佳缺口类型为 A 型,如图 14-4 所示。如果要获得材料对缺口敏感的信息,那么应实验 A 型和 B 型缺口(表 14-3)。

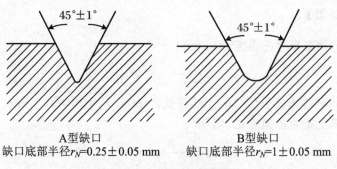

A型缺口
缺口底部半径r_N=0.25±0.05 mm

B型缺口
缺口底部半径r_N=1±0.05 mm

图 14-4　缺口半径示意图

除受试材料标准另有规定外,一组应测试 10 个试样,当变异系数小于 5％时,测试 5 个试样。

表 14-3　方法名称、试样类型、缺口类型及尺寸

方法名称	试样类型	缺口类型	缺口底部半径 r_N(mm)	缺口底部的剩余宽度 b_N(mm)
GB/T 9352—2008	1	无缺口	/	
GB/T 5471—2008	1	A	0.25±0.05	8.0±0.2
GB/T 11997—2008	1	B	1.0±0.05	8.0±0.2

(2) 试样制备。试样制备应按照 GB/T 9352—2008、GB/T 5471—2008 或材料有关规范进行制备,1 型试样可从按 GB/T 11997—2008 方法制备的 A 型试样的中部切取;板材用机械加工来制备试样时应尽可能采用 A 型缺口的 1 型试样,无缺口试样的机加工面不应朝冲锤;各向异性的板材需从纵横两个方向各取一组试样进行实验。

2. 仪器

摆锤式悬臂梁冲击机应具有刚性结构,能测量试样破坏所吸收的冲击能量值 W,其值为摆锤初始能量与摆锤在破坏试样之后剩余能量的差,应对该值进行摩擦和风阻校正(表 14-4)。

表 14-4　悬臂梁摆锤冲击实验机的特性

能量 E(J)	冲击速率 V_S(m/s)	无试样时的最大摩擦损失(J)	有试样经校正后的允许误差(J)
1.0		0.02	0.01
2.75		0.03	0.01
5.5	3.5(±10％)	0.03	0.02
11.0		0.05	0.02
22.0		0.10	0.10

【实验步骤】

(1) 除有关方面同意采用别的实验条件(如在高温或低温下实验)外,都应在与状态调节相同的环境中进行实验。

(2) 测量每个试样中部的厚度和宽度或缺口试样的剩余宽度 b_N,精确到 0.02 mm。

(3) 检查实验机是否有规定的冲击速率和正确的能量范围,破断试样吸收的能量在摆锤容量的 10％～80％范围内,若表 14-4 所列的摆锤中有几个都能满足这些要求时,则应选择其中能量最大的摆锤。

(4) 进行空白实验,记录测得的摩擦损失,该能量损失不能超过表 14-4 中的规定值。

(5) 抬起并锁住摆锤,正置试样并冲击。测定缺口试样时,缺口应放在摆锤冲击刃的一侧。释放摆锤,记录试样吸收的冲击能,并对其摩擦损失等进行修正。试样冲击处、虎钳支座、试样和冲击刃位置如图 14-5 所示。

(6) 试样可能出现四种破坏类型,即完全破坏(试样断成两段或多段)、铰链破坏(断裂的试样由没有刚性的很薄表皮连在一起,是一种不完全破坏)、部分破坏(除铰链破坏外的不完全破坏)和不破坏。测得的完全破坏和铰链破坏的值用以计算平均值。部分破坏时,如果要求部分破坏值,则以"P"表示;完全不破坏时用"NB"表示,不报告数值。

(7) 在同一样品中,若出现部分破坏和完全破坏或铰链破坏时,则应报告每种破坏类型的算术平均值。

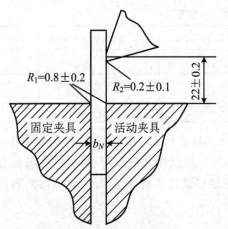

图 14-5　缺口试样冲击处、虎钳支座、试样和冲击刃位置图(单位:mm)

【数据处理】

1. 无缺口试样悬臂梁冲击强度 a_{iu} (kJ/m²)

$$a_{iu} = \frac{W}{h \cdot b} \times 10^3 \qquad (14\text{-}4)$$

式中,W 为破坏试样吸收并修正后的能量值,J;b 为试样宽度,mm;h 为试样厚度,mm。

2. 缺口试样悬臂梁冲击强度 a_{iN} (kJ/m²)

$$a_{iN} = \frac{W}{h \cdot b_N} \times 10^3 \qquad (14\text{-}5)$$

式中,W 为破坏试样吸收并修正后的能量值,J;h 为试样厚度,mm;b_N 为缺口试样缺口底部的剩余宽度,mm。

计算一组实验结果的算术平均值,取两位有效数字,在同一样品中存在不同的破坏类型时,应注明各种破坏类型试样的数目和算术平均值。

3. 标准偏差 s

$$s = \sqrt{\frac{\sum (x_i - \bar{x})^2}{n-1}} \qquad (14\text{-}6)$$

式中,x_i 为单个试样测定值;$\bar{x}$ 为一组测定值的算术平均值;n 为测定值个数。

【思考题】

如何从配方和工艺上提高高聚物材料的冲击强度?

14.3　硫化胶片交联度的测定

【实验目的】

理解聚合物溶度参数和交联度的物理意义;了解溶胀法测定橡胶溶度参数及交联度的基本原理及方法。

【实验原理】

1. 聚合物的溶度参数

小分子化合物的溶度参数可由测得的汽化热结合定义直接计算出来。高聚物不能汽化,故其溶度参数也就不能由汽化热直接测出,只能用间接的方法测定,平衡溶胀度法是测定聚合物溶度参数的常用方法之一。交联聚合物在溶剂中不能溶解,但可以吸收溶剂而溶胀。在溶胀过程中,一方面溶剂力图渗入高聚物内部使其体积膨胀;另一方面,由于交联高聚物体积膨胀导致网状分子链向三维空间伸展,使分子网受到应力而产生弹性收缩能,分子网收缩。当这两种相反的倾向相互抵消时,就达到了溶胀平衡。交联高聚物在溶胀平衡时的体积与溶胀前的体积之比称为溶胀度 Q。

溶胀的凝胶可视为聚合物的浓溶液,根据热力学原理,交联聚合物在溶剂中溶胀的必要条件是混合自由能 $\Delta G < 0$,而

$$\Delta G_m = \Delta H_m - T\Delta S_m \tag{14-7}$$

式中,ΔH_m、ΔS_m 分别为混合过程中焓和熵的变化;T 为体系的温度。因混合过程中的 ΔS_m 为正值,故 $T\Delta S_m$ 必为正值。显然,要满足 $\Delta G < 0$,必须使 $\Delta H_m < T\Delta S_m$。对于非极性聚合物与非极性溶剂的混合,若不存在氢键,则 ΔH_m 总是正值,假定混合过程中没有体积变化,则 ΔH_m 服从关系式

$$\Delta H_m = \varphi_1\varphi_2(\delta_1 - \delta_2)^2 V \tag{14-8}$$

式中,φ_1 和 φ_2 分别为溶胀体中溶剂和聚合物的体积分数;δ_1 和 δ_2 分别为溶剂和聚合物的溶度参数;V 是溶胀体的总体积。

由式(14-8)可见,δ_1 和 δ_2 越接近,ΔH_m 值越小,越能满足 $\Delta G < 0$;当 $\delta_1 = \delta_2$ 时,$\Delta H_m = 0$,此时交联网的溶胀度达到最大值。

把交联度相同的某种高聚物置于一系列溶度参数不同的溶剂中,让它在恒定的温度下充分溶胀,然后测其平衡溶胀度 Q,因为聚合物的溶度参数与各溶剂的溶度参数之差不等,交联聚合物在各溶剂中的溶胀度也不同,所以在溶度参数 δ_1 不同的各种溶剂中,交联高聚物应具有不同的 Q 值。如果以交联聚合物在一系列不同溶剂中的平衡溶胀度 Q 对相应的溶度参数 δ_1 作图,Q 必出现极大值。根据上述原理,只有当溶剂的溶度参数 δ_1 与高聚物的溶度参数 δ_2 相等时,溶胀性能最好,Q 最大。因此,极大值对应的溶度参数可作为聚合物的溶度参数。

2. 交联聚合物的交联度

交联高聚物在溶剂中的平衡溶胀比与温度、压力、高聚物的种类、交联度及溶剂的性质有关。交联高聚物的交联度通常用相邻两个交联点之间的链的平均相对分子质量 M_c 来表示。溶胀度与交联度的关系式可表示为

$$M_c = -\frac{\rho_2 V_1 \varphi_2^{1/3}}{\ln(1-\varphi_2) + \varphi_2 + x_1\varphi_2^2} \tag{14-9}$$

式(14-9)就是橡胶的溶胀平衡方程,式中 ρ_2 是高聚物溶胀前的密度;V_1 是溶剂的摩尔体积;x_1 是高分子与溶剂之间的相互作用参数;φ_1 是溶胀体中溶剂的体积分数;φ_2 是溶胀体中高聚物的体积分数,也就是平衡溶胀度的倒数 $\left(\varphi_2 = \dfrac{1}{Q}\right)$。

对于交联度不高的聚合物，M_c 较大，在良溶剂中 Q 可以大于 10，φ_2 很小，将式(14-9)中关系式的高次项略去，可得近似式

$$Q^{\frac{5}{3}} = \frac{M_c\left(\frac{1}{2} - x_1\right)}{\rho_2 V_1} \tag{14-10}$$

若高聚物与某一溶剂之间的 x_1 值已知，则从交联高聚物的平衡溶胀比 Q 可求得交联点之间的平均相对分子质量 M_c，进而通过求得的 M_c 来求得高聚物与其他溶剂之间的 x_1。

$$Q = \frac{V_1 + V_2}{V_2} = \frac{\dfrac{w_1}{\rho_1} + \dfrac{w_2}{\rho_2}}{\dfrac{w_2}{\rho_2}} \tag{14-11}$$

式中，V_1 和 V_2 分别是溶胀体中溶剂和聚合物的体积；w_1 和 w_2 分别是溶胀体中溶剂和聚合物的质量。

【试剂和仪器】

硫化胶片、正庚烷、正己烷、环己烷、四氯化碳、苯、正庚醇、溶胀管。

【实验步骤】

(1) 先用分析天平称量 5 只洁净的空称量瓶，然后分别放入一块交联的天然橡胶，称重后计算橡胶试样的质量。

(2) 称重后的试样放入溶胀管内，各管分别加入一种溶剂 15～20 mL，盖紧管塞后，放入 25 ℃的恒温槽内，让其溶胀 10 天。

(3) 10 天后，溶胀基本达到平衡，取出溶胀体，迅速用滤纸吸干表面多余的溶剂，再立即放入称量瓶内，盖上磨口盖后称量，然后放回原溶胀管内使其继续溶胀。

(4) 每隔 3 h，用同样的方法再称一次溶胀体的质量，直至溶胀体两次称重结果之差不超过 0.01 g 时为止，此时可认为已经达到溶胀平衡。

【数据处理】

(1) 计算天然橡胶的平衡溶胀度 Q。

(2) 作 Q-δ 图，确定 Q 的极大值点，找出 Q 所对应的溶度参数，即橡胶溶度参数 δ_2。

(3) 查出天然橡胶与某种溶剂的相互作用参数 x_1，根据公式计算出天然橡胶的交联度。

(4) 根据计算出的交联度，再结合公式计算出天然橡胶与其他几种溶剂之间的相互作用参数 x_1。

【思考题】

(1) 溶胀法测定交联聚合物的溶度参数和交联度有什么优点和局限性？

(2) 样品的交联度过高或过低，对实验结果有何影响？为什么？

14.4　橡胶动态力学性能测试

【实验目的】

了解橡胶加工分析仪的工作原理；了解橡胶加工分析仪变频、应变和变温模式下对胶料动态力学性能的影响。

【实验原理】

橡胶加工分析仪是一种先进的动态机械流变性能测试仪器。它克服了传统动态流变仪的应变振幅小的缺点，可以在较高的温度、较大的应变和较大的频率变化范围内，对黏弹性材料的动态性能进行测量。橡胶加工分析仪是集胶料检测、加工性能检测、流变特性检测和动态机械测试于一体的综合性测试仪器。可以任意编排硫化、预热、变温分析、频率扫描、应变扫描、温度扫描、组合扫描、应力松弛和延时等九种子模式测试。

橡胶加工分析仪可以单独使用，也能进行功能性组合实验。通过程序设计的编制可以实现测量橡胶弹性体的黏弹性能，测定弹性体的黏度和弹性模量，提供对生胶（天然橡胶和合成橡胶）、塑炼胶和各阶段混炼胶，以及硫化过程中的胶料和制品的全部黏弹特性的检测，表征橡胶的硫化性能、加工性能和成品使用性能。可通过一个试样一次测得胶料在原料、加工、硫化等阶段的特性。

橡胶加工分析仪具备非常高的灵敏度，能够检测出生产过程中因很小的成分变化而造成的胶料的特性变化，应用范围广泛且灵活，实验方法简便，能取代很多传统的仪器和实验，节约时间和节省费用，是一种高效率全功能的反映橡塑高分子材料在生产过程中的加工性能、硫化特性和成品的物理特性的仪器，被测材料包括混炼胶、生胶和其他热塑性弹性体材料。

橡胶加工分析仪采用无转子双圆锥形模具设计，实验模腔包括两个锥形模和两块金属密封板，其各自的密封件完全围住试样模腔，并对试样模型加压。其上下模可以分开，以便填装试样。测试前准备一个体积为 $4\sim6\ cm^3$ 的试样装于下模，然后上模往下压在试样上，形成固定体积的压模，而多余的试样则被挤入跑胶道。实验结束后，打开模型，取出试样。

在测试中，上模保持稳定，一个数控马达控制下模于一定范围内沿正弦波改变测试频率和应变，上模的反应扭力传感器则负责测量由下模经试样传出的扭力，这种设计可消除来自下模驱动系统的噪音。橡胶的变形都是一种黏性和弹性反映，扭力传感器测到的是复合扭力 S^*，通过 Fourier 变换仪器将 S^* 分解为一个与应变同向的弹性扭力 S' 和一个与应变成 90°异相的黏性扭力 S''，通过式(14-12)可计算损耗角正切 $\tan\delta$、复合模量 G''、弹性模量 G' 和黏性模量 G^*。

$$\tan\delta = S''/S' \tag{14-12}$$

$$G^* = S^*/Br \tag{14-13}$$

$$G' = S'/Br \tag{14-14}$$

$$G'' = S''/Br \qquad (14\text{-}15)$$

式中,B 为形状因子,$B=2\pi R'/3\varphi$;r 为应变(度);R 为转盘的直径,$R=20.625$ mm;φ 为角度,$\varphi=0.125°$。

【实验原料与实验仪器】

橡胶混炼实验所制混炼橡胶片(已经添加硫化剂及其他填料和助剂)、橡胶加工分析仪(RPA8000 型)。

【实验步骤】

1. 实验方法的设定

(1) 硫化过程设定。选择"MDR"模式,在 1 Hz 频率和 0.5°应变角度下,设定硫化温度为 145 ℃,硫化时间 15 min,稳定温度范围为±0.3 ℃,稳定时间为 5 s。

(2) 频率扫描过程设定。选择"sweep"模式,在 0.5°应变角度和 60 ℃下,设定频率范围为 0.1～30 Hz(按实际要求取点),稳定温度范围为±0.3 ℃,稳定时间为 5 s,舍弃 2 个点,取 5 点平均值。

(3) 应变扫描过程设定。选择"sweep"模式,在 1 Hz 频率和 60 ℃下,设定应变角度范围为 0.05°～10°(按实际要求取点),稳定温度范围为±0.3 ℃,稳定时间为 5 s,舍弃 2 个点,取 5 点平均值。

(4) 温度扫描过程设定。选择"sweep"模式,在 1 Hz 频率和 0.5°应变角度下,设定温度范围为 40～200 ℃(按实际要求取点),稳定温度范围为±0.3 ℃,稳定时间 5 s,舍弃 2 个点,取 5 点平均值。

2. 操作过程

选定实验方法 1,按硫化、频率扫描、应变扫描、温度扫描进行条件设置,总步骤不超过 99 步,设定完毕后点击"传送"。

当温度达到预定硫化温度后,将体积为 4～6 cm³ 的样品放入测试模腔中,点击"测试"按钮,开始逐项进行测试。

测试步骤结束后,按硫化、变频、变角、变温等扫描模式设定导出数据,进行分析,并进行下一个样品测试准备。导出数据模式如表 14-5 所示。

表 14-5 数据记录

测试内容	Set Freq.	Set Strain	SetTemp	sTanPA	sS'	sS''	sS^*	sG'	sG''	sG^*	sPA
单位	Hz	deg	℃		dN·m	dN·m	dN·m	kPa	kPa	kPa	
1											
2											
3											
4											

【思考题】

（1）频率、应变和温度变化下的储能模量、损耗模量和损耗因子的意义？
（2）分析频率、应变和温度对胶料结构的影响？

14.5　塑料与橡胶样条的拉伸实验

【实验目的】

通过实验了解聚合物材料拉伸强度及断裂伸长率的意义，熟悉它们的测试方法；通过测试应力-应变曲线来判断不同聚合物材料的力学性能。

【实验原理】

为了评价聚合物材料的力学性能，通常用等速施力下获得的应力-应变曲线来进行描述。这里的应力是指拉伸力引起的在试样内部单位截面上产生的内力；应变是指试样在外力作用下发生形变时，相对其原尺寸的相对形变量。不同种类聚合物有不同的应力-应变曲线。

等速条件下，无定形聚合物典型的应力-应变曲线如图 14-6 所示。图中的 ε_α 点为弹性极限，σ_α 为弹性（比例）极限强度，ε_t 为极限伸长率。在 α 点前，应力-应变服从胡克定律：$\sigma = E\varepsilon$。曲线的斜率 E 称为弹性（杨氏）模量。y 称屈服点，对应的 σ_y 和 ε_y 称为屈服强度和屈服伸长率。材料屈服后，既可在 t 点，也可在 t' 点处断裂。因此视具体情况，材料断裂强度可大于或小于屈服强度。ε_t（或 $\varepsilon_{t'}$）称为断裂伸长率，反映材料的延伸性。

从曲线的形状以及 σ_t 和 ε_t 的大小，可以看出材料的性能，并借此判断它的应用范围。例如，依据 σ_t 的大小，可以判断材料的强与弱；依据 ε_t 的大小，

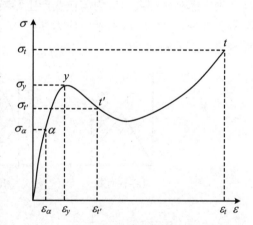

图 14-6　无定形聚合物的应力-应变曲线

更准确地讲是依据曲线下的面积大小，可判断材料的脆性与韧性。从微观结构看，在外力的作用下，聚合物产生大分子链的运动，包括分子内的键长、键角变化，分子链段的运动，以及分子间的相对位移。沿力方向的整体运动（伸长）是通过上述各种运动来达到的。由键长、键角产生的形变较小（普弹形变），而由链段运动和分子间的相对位移（塑性流动）产生的形变较大。材料在拉伸到破坏时，链段运动或分子位移基本上仍不能发生，或很小，此时材料就脆。如果达到一定负荷，可以克服链段运动及分子位移所需要的能量，那么这些运动就能发生，形变就大，材料就韧。如果使材料产生链段运动及分子位移所需要的负荷较大，那么材料就强且硬。

结晶型聚合物的应力-应变曲线与无定形聚合物的应力-应变曲线之间是有差异的，其典型

曲线如图 14-7 所示。微晶在 c 点以后将出现取向或熔解,然后沿力场方向进行重排或重结晶,故 σ_c 称为重结晶强度,它也是材料"屈服"的反映。从宏观上看,材料在 c 点将出现细颈,随着拉伸的进行,细颈不断发展,至 d 点细颈发展完全,然后应力继续增大至 t 点时,材料就会断裂。对于结晶型聚合物而言,当其结晶度非常高时(尤其是晶相为大的球晶时),会出现聚合物脆性断裂的特征。总之,当聚合物的结晶度增加时,模量将增加,屈服强度和断裂强度也增加,但屈服形变和断裂形变却减小。聚合物晶相的形态和尺寸对材料的性能影响也很大。同样的结晶度,如果晶相由很大的球晶组成,则材料表现出低强度、高脆性倾向;如果晶相由很多的微晶组成,则材料的性能有相反的特征。

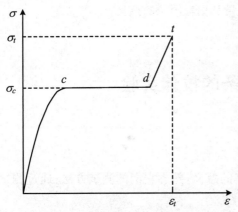

图 14-7 结晶聚合物的应力-应变曲线

另外,聚合物分子链间的化学交联对材料的力学性能也有很大的影响,这是因为有化学交联时,聚合物分子链之间不可能发生滑移,黏流态消失。当交联密度增加时,对于 T_g 以上的橡胶态聚合物来说,其抗张强度增加、模量增加、断裂伸长率下降。交联度很高时,聚合物成为三维网状链的刚硬结构。因此,只有在适当的交联度时抗张强度才有最大值。综上所述,材料的组成、化学结构和聚集态结构都会对应力与应变产生影响。归纳各种不同类型聚合物的应力-应变曲线,主要分为五种,如图 14-8 所示。应力-应变实验所得的数据也与温度、湿度、拉伸速率有关,所以应规定一定的测试条件。

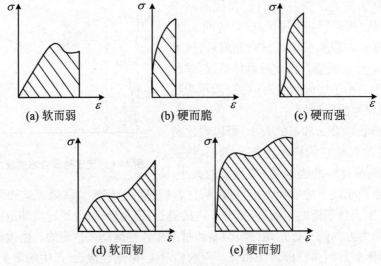

图 14-8 五种类型聚合物的应力-应变曲线

【材料和仪器】

万能实验机(WDW-50 型,最大测量负荷 50 KN、速率 $0.01 \sim 500$ mm/min,实验类型有拉伸、压缩、弯曲等)、聚丙烯样条、硫化橡胶样条。

【实验步骤】

拉伸实验中所用的试样依据不同材料可按国家标准加工成不同形状和尺寸。每组试样应不少于 5 个。实验前,需对试样的外观进行检查,试样应表面平整,无气泡、裂纹、分层和机械损伤等缺陷。另外,为了减小环境对试样性能的影响,应在测试前将试样在测试环境中放置一定时间,使试样与测试环境达到平衡。一般试样越厚,放置时间越长,具体按国家标准规定执行。

(1) 接通实验机电源,预热 15 min。

(2) 打开计算机,进入应用程序。

(3) 选择实验方式(拉伸方式),将相应的参数按对话框要求输入,注意拉伸速率。

(4) 按上、下键将上、下夹具的距离调整到 10 cm 左右,并调整自动定位螺丝,将距离固定,记录试样的初始标线间的有效距离。

(5) 将样品在上、下夹具上夹牢,夹试样时,应使试样的中心线与上、下夹具的中心线保持一致。

(6) 在计算机的本程序界面上将载荷和位移同时清零,再按"开始"按钮,此时电脑自动画出载荷-变形曲线。

(7) 试样断裂时,拉伸自动停止,记录试样断裂时标线间的有效距离。

(8) 重复(3)~(7)操作,测量下一个试样。

(9) 测量实验结束后,在"文件"菜单中点击"输出报告",在出现的对话框中选择"输出到 EXCEL",然后保存该报告。

【实验记录和数据处理】

1. 断裂强度 σ_t 的计算

$$\sigma_t = [P/(bd)] \times 10^6 \, (\text{Pa}) \tag{14-16}$$

式中,P 为最大载荷,N;b 为试样宽度,mm;d 为试样厚度,mm。

2. 断裂伸长率 ε_t 计算

$$\varepsilon_t = [(L - L_0)/L_0] \times 100\% \tag{14-17}$$

式中,L_0 为试样的初始标线间的有效距离,mm;L 为试样断裂时标线间的有效距离,mm。

把测定所得各值记入表 14-6,算出平均值,并和计算机计算的结果进行比较。

表 14-6　数据记录

编号	d(mm)	b(mm)	bd(mm²)	P(N)	L_0(mm)	L(mm)	σ_t(Pa)	ε_t
1								
2								
3								
4								
5								

【注意事项】

（1）为了仪器的安全，测试前应根据试样的长短，设置动横梁上、下移动的极限。

（2）夹具安装应注意上、下垂直并在同一平面上，防止实验过程中试样性能受到额外剪切力的影响。

（3）对于拉伸伸长很小的试样，可安装微形变测量仪测量其伸长。

【思考题】

（1）如何根据聚合物材料的应力-应变曲线来判断材料的性能？

（2）在拉伸实验中，如何测定模量？

14.6　塑料与橡胶硬度的测定

【实验目的】

测定硬塑料和橡胶的硬度，掌握邵氏硬度计测量的基本原理及测量方法。

【实验原理】

邵氏硬度计是将规定形状的压针在标准的弹簧力下压入试样，并将压针压入试样的深度转换为硬度值的一种仪器。邵氏硬度计分为邵氏 A 和邵氏 D 两种，邵氏 A 硬度适用于橡胶及软质塑料，用 H_A 表示；邵氏 D 硬度计适用于较硬的塑料，用 H_D 表示。

本实验采用邵氏压痕硬度计，将规定形状的压针在标准的弹簧压力下和规定的时间内压入试样，并将其深度转换为硬度值，即该试样材料的邵氏硬度值。邵氏压痕硬度计不适用于泡沫塑料。

【材料和仪器】

1. 试样

注塑聚丙烯样片、硫化胶片。

试样应厚度均匀。用 A 型硬度计测定硬度，试样厚度应不小于 5 mm；用 D 型硬度计测定硬度，试样厚度应不小于 3 mm。产品标准另有规定的除外。当试样厚度太薄时，可以将 2～3 层试样叠合成所需的厚度，并保证各层之间接触良好。

试样表面应光滑、平整、无气泡、无机械损伤和无杂质等。

试样大小应保证每个测量点与试样边缘距离不小于 12 mm，各测量点之间的距离不小于 6 mm，可以加工成 50 mm×50 mm 的正方形或其他形状的试样。

每组试样的测量点不少于 5 个，可在一个或几个试样上进行。

2. 仪器设备

A 型和 D 型邵氏硬度计主要由读数度盘、压针、下压板和给压针施加压力的弹簧组成。压针的尺寸及其精度如图 14-9 所示。

$$s = \sqrt{\frac{\sum (X - \overline{X})^2}{n - 1}} \tag{14-18}$$

式中，X 为单个测定值；$\overline{X}$ 为组试样的算术平均值；n 为测定个数。

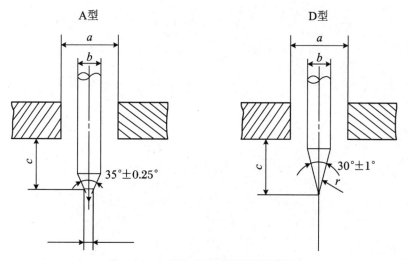

图 14-9　A 型和 D 型邵氏硬度计压针

【思考题】

（1）硬度实验中为何对操作时间进行严格要求？

（2）对塑料、橡胶产品进行硬度测试有哪些意义？

第3部分

综合性和设计性实验

实验 15　温敏性水凝胶的制备及表征测试

【实验目的】

掌握温敏性水凝胶的制备方法;了解温敏性水凝胶的结构及其性能测试方法。

【实验原理】

智能型水凝胶,也被称为刺激响应性水凝胶或敏感性水凝胶,是一种交联的聚合物材料,是由三维网状结构的化合物与溶剂组成的体系。它能显著地溶胀于水中,但是并不溶解于水。智能型水凝胶的溶胀比例会随着外界环境、pH 和温度的变化而发生剧烈改变。目前,智能型水凝胶已经开发出了一些应用,如组织工程、酶的固定与药物传递等。

智能型水凝胶有多种类型,只有 pH 敏感性或温敏性等单一性能的水凝胶被称为单一响应型水凝胶。这种水凝胶只对一种刺激有响应,其体积会随着刺激的改变而发生改变。对两种或两种以上的外界刺激发生响应的水凝胶被称为多重响应型水凝胶,如温度和 pH 敏感性水凝胶、光热敏感性水凝胶等。多重响应型水凝胶是以单一响应型水凝胶为基础,通过自由基共聚、接枝共聚等方法在基础水凝胶的分子链上引入一些其他类型的刺激响应基团,从而使单一响应型水凝胶的性质发生改变,拥有更多的刺激响应性。

温敏性水凝胶是一种随温度变化而发生体积变化的水凝胶。这种水凝胶具有最低临界溶解温度(Low Critical Solution Temperature,LCST),在这一温度附近水凝胶会发生体积的突然收缩。目前,温敏性水凝胶的种类主要有 N-异丙基丙烯酰胺(NIP)、甲基丙烯酸(MAAC)、甲基乙烯基醚(MVE)和 N,N-二甲氨基乙酯(DMAEMA)等。

若要制备智能型水凝胶,则其聚合物材料必须满足两个条件:其一,聚合物应当有适当的交联网络结构;其二,聚合物的主链或侧链上要有大量的亲水基团。起始原料既可以是水溶性或油溶性的单体,也可以是天然的或合成的高分子聚合物,还可以是单体与聚合物的混合物。制备水凝胶的方法大致有接枝共聚、单体交联聚合、预聚体交联聚合等。

【实验方案设计】

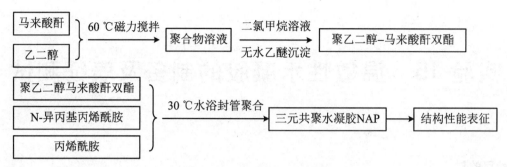

图 15-1 实验方案设计流程图

【试剂和仪器】

马来酸酐、聚乙二醇(600)、N-异丙基丙烯酰胺、无水乙醇、甲苯、丙烯酰胺、过硫酸铵、三口瓶、回流冷凝管、搅拌器、红外光谱仪、扫描电镜、X 射线衍射仪、热分析仪、拉伸实验机。

【实验步骤】

1. 过硫酸铵的精制

将适量的过硫酸铵溶于 40 ℃的蒸馏水中,制成过硫酸铵饱和溶液。然后将饱和溶液置于冰箱内降温,使溶液内的过硫酸铵发生结晶化,用布氏漏斗抽滤得到结晶。冰水反复洗涤结晶,抽滤后置于干燥器内干燥。将精制过的过硫酸铵装入棕色瓶中备用。

2. 聚乙二醇-马来酸酐双酯的制备

对聚乙二醇(600)进行干燥,按照物质的量 1∶3 的比例,称量聚乙二醇(600)和顺丁烯二酐。将称量好的单体混合加入到三口瓶中,抽真空 30 min 后冲入氮气。在充入氮气的过程中用注射器向三口瓶中缓缓注入甲苯 25 mL,水浴升温到 60 ℃,磁力搅拌 36 h 后停止反应。将反应完成后的溶液移至单口瓶中,旋转蒸发仪 50 ℃下旋蒸出甲苯溶剂。得到的黄褐色黏稠产物用 10 mL 的二氯甲烷搅拌溶解,再用 100 mL 的无水乙醚沉淀、抽滤,反复操作 3 次后将得到的产物放置在真空干燥箱内,60 ℃真空干燥 24 h,即得到聚乙二醇-马来酸酐双酯。

3. 三元共聚水凝胶的合成

将 N-异丙基丙烯酰胺(NIP)、丙烯酰胺(AM)和聚乙二醇-马来酸酐双酯(PEGmah)三种单体按照一定的物质的量之比用分析天平精确称量,配比量如表 15-1 与表 15-2 所示。称量过程中注意不要将药品洒落,然后将三种单体分别倒入锥形瓶中。交联剂亚甲基双丙烯酰胺(BIS)的使用量遵循等式 $m(BIS)/(m(NIP)+m(AM)+m(PEGmah))=0.5/100$。引发剂过硫酸铵(APS)的使用量亦遵循等式 $m(APS)/(m(NIP)+m(AM)+m(PEGmah))=0.5/100$。促进剂四甲基乙二胺(TEMED)的用量为 $m(TEMED)/(m(NIP)+m(AM)+m(PEGmah))=0.2/100$。用分析天平分别称量各组所需的交联剂、引发剂和促进剂,然后倒入锥形瓶中。最后向锥形瓶中加入蒸馏水,加入的蒸馏水的量是所有固体单体总量的 4 倍。将锥形瓶内配置好的药品震动摇匀,直至液体澄清,无固体存在。将摇匀的液体倒入塑料容器内,对塑料容器进行密封,置于 40 ℃恒温水浴锅内加热,24 h 后停止反应。所得的水凝胶用去离子水浸泡,每 4 h 换一次水,直至水凝胶内未反应的小分子完全脱除。

干净透明的水凝胶放入 50 ℃ 真空干燥箱内真空干燥。干燥后的水凝胶切成 5 mm×5 mm× 5 mm 块状。为测得水凝胶的温敏性、pH 敏感性和盐敏性,需要为水凝胶配置不同的溶液。对干燥后的块状水凝胶进行编号,并称量其质量,然后分别泡入不同的溶液中。每 2 h 对溶液中的水凝胶块称量一次。称量时取出水凝胶块,用滤纸吸去其表面的水分,记录质量后重新放入溶液内。待两次称量的结果相近、误差在 0.01 g 左右时即可停止称量,记录下数据。

表 15-1　NIP1 体系水凝胶各组分单体摩尔比例

样品	NIP(mol)	AM(mol)	PEGmah(mol)
NAP1-1	0.5	8	0.2
NAP1-2	0.75	8	0.2
NAP1-3	1	8	0.2
NAP1-4	1.25	8	0.2
NAP1-5	1.5	8	0.2

表 15-2　NIP2 体系水凝胶各组分单体摩尔比例

样品	NIP(mol)	AM(mol)	PEGmah(mol)
NAP2-1	1	8	0
NAP2-2	1	8	0.1
NAP2-3	1	8	0.2
NAP2-4	1	8	0.3
NAP2-5	1	8	0.4

【温敏性水凝胶的结构表征】

1. 水凝胶的红外分析

将干燥的水凝胶研磨成粉末状后与 KBr 混合均匀,压片,然后用傅里叶红外光谱仪进行测定。

2. 水凝胶的扫描电镜形貌观察

将水凝胶置于液氮中淬冷,然后再转入冷冻干燥机冷冻干燥,切取干燥好的小块试样进行喷金。然后用扫描电镜对水凝胶的表面、断面进行观察。

3. 水凝胶的热重分析

将充分干燥的试样研磨成粉末,平铺在坩埚中,然后用热重分析仪进行分析。

【温敏性水凝胶的性能测试】

1. 水凝胶的温度敏感性测定

将凝胶样品分别置于不同温度的水溶液中,待凝胶溶胀平衡后,取出并擦干表面的水分,称重。

2. 水凝胶的 pH 响应性测定

将凝胶样品放入不同 pH 的缓冲溶液中,待凝胶溶胀平衡后,取出并擦干表面的水分,称重。

3. 水凝胶在不同 NaCl 浓度下盐敏性能测定

将凝胶样品放入不同浓度下的 NaCl 溶液中,待凝胶溶胀平衡后,取出并擦干表面的水分,称重,测其溶胀度。

4. 水凝胶的抗压缩性能

将水凝胶 NAP1、NAP2 体系中的水凝胶切成高为 2 cm、直径为 1 cm 的圆柱体,然后用 HP-6008 计算机单柱拉力实验机对水凝胶的抗压缩性能进行测定。

【思考题】

(1) 简述温敏性水凝胶的应用现状?

(2) 简述共聚水凝胶各组分比例不同对水凝胶性能的影响?

实验 16　淀粉-丙烯酸接枝共聚物的制备及其吸水性能研究

【实验目的】

学习并掌握淀粉接枝丙烯酸吸水性树脂的制备原理和方法；了解吸水性树脂的吸水机理；掌握吸水性树脂的相关表征（接枝率、吸水倍率和保水率）的测定方法；明确树脂结构与吸水性能的关系。

【实验原理】

由于具有较好的吸水性和保水性，高吸水性树脂在工业、农业和医疗卫生领域都得到了广泛应用，越来越受到人们的重视。高吸水性树脂按原料一般可分为淀粉类、纤维素类和合成树脂类。淀粉类特别是淀粉接枝丙烯酸高吸水性树脂因易生物降解和吸水率大，近年来研究较多，淀粉接枝共聚物在日化、纺织、农业、印染、石化等领域有着广泛的应用前景。淀粉接枝高吸水性树脂不仅吸水量大，还是可生物降解的环保产品，而目前在纺织上浆方面大量使用的聚乙烯醇(PVA)因不能生物降解在国外已经停止使用，所以淀粉丙烯酸类单体的共聚物有可能在今后完全取代 PVA。另外，淀粉丙烯酸接枝共聚物用于印花时具有得色量高、轮廓清晰、色泽丰满的优点，且价格相对较便宜；其生物降解的特性也让它在石油化工领域有着广泛的发展空间。

淀粉系高吸水性树脂是指淀粉与乙烯基单体在引发剂的作用下经辐射制得吸水性淀粉接枝共聚树脂。淀粉系吸水性树脂(SAR)的主链骨架是淀粉，在其主链上或接枝侧链上含有亲水性基团($-OH$、$-COOH$、$-CONH_2$ 等)，经轻度交联形成一个具有主链、支链和低交联度的三维空间网络结构。淀粉系吸水性树脂除具有一般吸水性树脂的吸水容量大、吸水速率快、保水能力强等优点外，还具有生物可降解性，被认为是一种环境友好型材料。

淀粉接枝丙烯酸类吸水性树脂主要是指淀粉接枝丙烯酸、甲基丙烯酸或其他烯烃羧酸。其制备原理包括离子型接枝共聚和自由基型接枝共聚。淀粉与乙烯基单体接枝共聚物的制备一般采用自由基引发，即通过一定的方式，先在淀粉的大分子上产生初级自由基，然后引发接枝具有不饱和键的单体，使淀粉自由基与其发生亲核连锁反应。引发淀粉成为自由基的手段主要有物理方法和化学方法两大类。物理法主要是指用电子束或放射线性元素的射线照射淀粉，产生自由基，再与乙烯基单体反应；化学法是指利用氧化还原反应等引发淀粉产生自由基，再与具有不饱和键的单体反应。反应过程为

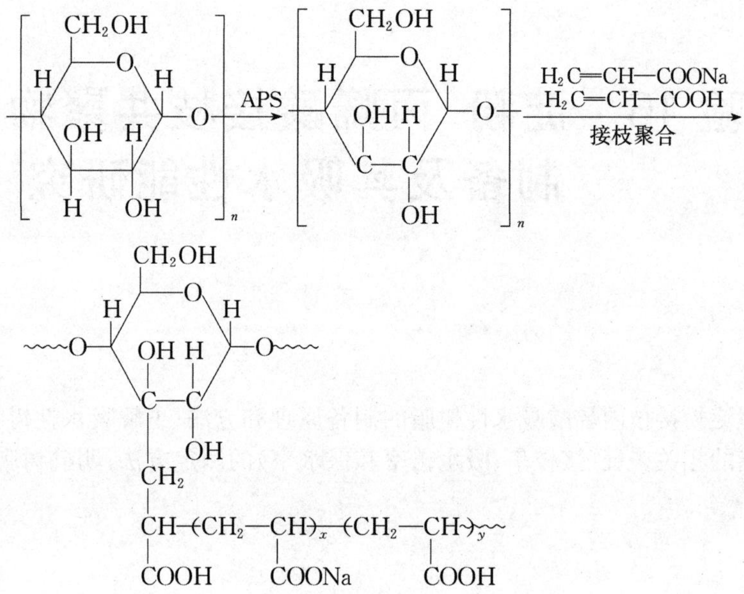

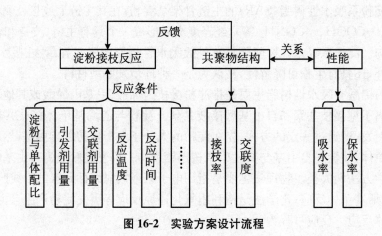

图 16-1　淀粉接枝丙烯酸反应示意图

有时自由基会在单体上形成,得到不含淀粉的单体聚合,即均聚物。实验中,淀粉接枝共聚物为接枝聚合物和均聚物的混合物,接枝率越高,则均聚物越少。

树脂的吸水性主要与其化学结构及聚集态中极性基团的分布状态有关。交联剂的作用为防止吸水性树脂在吸水时发生溶解,使分子链之间发生交联,形成交联化合物。树脂网络是吸水能力强大的结构因素,树脂网络的亲水基团是其吸水的动力因素。淀粉接枝丙烯酸类吸水性树脂的吸水能力可以看成是由水中的高分子电解质的离子电荷相斥引起的伸展,和由交联结构及氢键引起的阻止扩张之间相互作用而产生的结果。

【实验方案设计】

图 16-2　实验方案设计流程

【试剂与仪器】

淀粉、丙烯酸、氢氧化钠、浓盐酸、过硫酸铵、亚甲基双丙烯酰胺、氮气、蒸馏水、自来水、模拟尿液、淀粉碘化钾溶液、四口瓶、温度计、索氏提取器、回流冷凝管、机械搅拌器、表面皿、烧杯、干燥箱、水浴锅。

【实验步骤】

在装有搅拌器、回流冷凝管、温度计和导气管的四口瓶中加入 2 g 淀粉和 60 g 水,加热至90 ℃,通入氮气,进行搅拌糊化。糊化 1 h 后,降温至 50 ℃,用一个小烧杯称取 30 g 丙烯酸,加入 7.5 mol/L 氢氧化钠溶液中和至设定中和度,冷却至室温后,加入引发剂过硫酸铵 0.285 g 和交联剂亚甲基双丙烯酰胺 0.006 g,溶解,再加入到四口瓶中,同时通氮气,搅拌,在 50～60 ℃ 反应 1～1.5 h,将反应产物冷却,用无水乙醇洗涤、抽滤。产物为白色半透明弹性物质,将产物切割成细小块,在 120 ℃ 烘箱干燥至恒重,粉碎得到白色粉末状物质,进行相关性能测定。

【共聚物的结构表征】

1. 共聚物的红外分析

将干燥的共聚物研磨成粉末状后与 KBr 混合均匀,压片,然后用傅里叶红外光谱仪进行测定。

2. 共聚物的扫描电镜形貌观察

将共聚物置于液氮中淬冷,然后再转入冷冻干燥机中冷冻干燥,切取干燥好的小块试样进行喷金。然后用扫描电镜对树脂的表面、断面进行观察。

3. 共聚物的热重分析

将充分干燥的试样研磨成粉末,平铺在坩埚中,然后用热重分析仪进行分析。

【共聚物的性能测定】

1. 纯接枝共聚物及其接枝侧链的提取

称取洗涤后的白色半透明弹性物质三份,各 10 g,记为 A、B、C。将 A 在 120 ℃ 烘箱干燥至恒重,粉碎得白色粉末状产物,称重。将 B、C 两份粗产物反复用无水乙醇洗涤,过滤,然后用丙酮洗涤,过滤三次。随后将粗产物剪碎,以乙醇为萃取剂在索氏提取器中抽提 4 h,以除去均聚丙烯酸。将抽提后的 B 烘干至恒重,即得纯接枝共聚物,称重。将 C 放入三口瓶中,再加入300 mL 的 1 mol/L 盐酸溶液,回流 3 h,将淀粉彻底水解,水解程度用淀粉试纸检验。然后用1 mol/L 的氢氧化钠溶液中和,过滤,水洗至无 Cl⁻ 离子,所得不溶物即为接枝侧链。将其在烘箱中烘干至恒重,称重。

2. 接枝共聚物的接枝率测定

接枝率是指 1 g 淀粉所接枝上的聚丙烯酸的量。

$$G = m_2/(m_1 - m_2) \tag{16-1}$$

式中,G 为接枝率,g/g;m_1 为纯接枝共聚物;m_2 为接枝侧链。

3. 吸水倍率的测定

吸水倍率是指 1 g 吸水性树脂吸收的去离子水的量(室温下),称取干树脂样品 A 和 B 两份(各 0.1 g)放入烧杯中,分别加入 100 mL 的自来水和 50 mL 模拟尿,搅拌均匀,静置过夜,用 100 目尼龙丝网过滤至无水滴落,称量吸水后的树脂,计算树脂的吸水倍率

$$Q = (m_2 - m_1)/m_1 \tag{16-2}$$

式中,Q 为吸水倍率,g/g;m_1 为树脂凝胶未吸水的质量,g;m_2 为树脂凝胶充分吸水后的质量,g。

4. 保水率的测定

取一定量充分吸水的树脂凝胶,放入恒温烘箱中,测定不同时间内树脂凝胶的质量。

$$B = (m_1/m_2) \times 100\% \tag{16-3}$$

式中,B 为树脂的保水率,%;m_1 为定时脱水后的树脂凝胶的质量,g;m_2 为吸水饱和的树脂凝胶质量,g。

5. 失水率的测定

$$\frac{(树脂凝胶最初质量 - 树脂凝胶失水后质量)}{树脂凝胶最初质量} \times 100\%$$

将上述实验中 A、B 吸水后的饱和树脂凝胶置于玻璃皿中,铺平,在 50 ℃烘箱中,每隔 30 min 称重一次,记录树脂凝胶水分蒸发后的质量,计算失水率。

【实验结果与讨论】

接枝率的测定公式为

$$G = \frac{m_2}{m_1 - m_2}$$

表 16-1   不同条件下接枝率、吸液率的测试

序号	单体:淀粉(质量比)	单体:引发剂:交联剂(摩尔比)	接枝率(g/g)	吸液率(g/g)			
				蒸馏水		模拟尿	
				粗产品	纯产品	粗产品	纯产品
1	15:1	1000:3:0.06					
2	15:1	1000:5:0.06					
3	15:1	1000:8:0.06					
4	15:1	1000:3:0.1					
5	15:1	1000:5:0.1					
6	15:1	1000:8:0.1					
7	15:1	1000:3:0.14					
8	15:1	1000:5:0.14					

续表

序号	单体∶淀粉（质量比）	单体∶引发剂∶交联剂（摩尔比）	接枝率（g/g）	吸液率(g/g)			
				蒸馏水		模拟尿	
				粗产品	纯产品	粗产品	纯产品
9	15∶1	1000∶8∶0.14					
10	20∶1	1000∶3∶0.06					
11	20∶1	1000∶5∶0.06					
12	20∶1	1000∶8∶0.06					
13	20∶1	1000∶3∶0.1					
14	20∶1	1000∶5∶0.1					
15	20∶1	1000∶8∶0.1					
16	20∶1	1000∶3∶0.14					
17	20∶1	1000∶5∶0.14					
18	20∶1	1000∶8∶0.14					

【思考题】

(1) 接枝共聚物的分子量对吸液性能有什么影响？

(2) 淀粉为什么要糊化？有什么作用？

(3) 交联剂的用量对吸液性能有何影响？有没有办法测定交联度？

(4) 吸水性树脂的流变行为能否表征它的吸液性能？

实验 17 TPS/PBAT 可降解高分子复合材料的制备及表征测试

【实验目的】

了解热塑性淀粉改性聚己二酸-对苯二甲酸丁二酯(PBAT)制备生物可降解高分子材料的方法;掌握可降解高分子材料的结构及性能测试。

【实验原理】

生物降解塑料是指一类由自然界存在的微生物(如细菌、真菌和藻类)的作用而引起降解的塑料。理想的生物降解塑料是一种具有优良的使用性能、废弃后可被环境微生物完全分解、最终被无机化而成为自然界中碳素循环的一个组成部分的高分子材料。

PBAT 作为一种热塑性生物可降解塑料,由己二酸丁二醇酯和对苯二甲酸丁二醇酯的共聚物组成。因为分子链上含有柔性脂肪链和刚性芳香链,所以该材料具有良好的延展性、断裂伸长率、冲击性能和耐热性能。然而,该材料价格昂贵,限制了其应用范围。

淀粉作为一种天然高分子材料,来源丰富,价格低廉,成为研究生物可降解材料的重要原料之一。但是,淀粉中含有大量羟基,羟基之间的氢键相互作用形成淀粉的微晶结构,使得分解温度低于熔融温度。为了改善淀粉的可加工性,常采用水或多元醇作为增塑剂以破坏淀粉的微晶结构,使淀粉成为热塑性淀粉(TPS)。

TPS 与 PBAT 混合制备 TPS/PBAT 复合材料,所用原材料的成本将大幅降低。但 PBAT 与 TPS 之间的相容性很弱,导致复合材料的性能显著降低。TPS/PBAT 复合材料的主要问题是疏水性 PBAT 和亲水性 TPS 之间的界面黏附性差。通过使用各种增容剂,如马来酸酐 MAH 等,能够改善 PBAT 和 TPS 之间的相容性,使制备的 TPS/PBAT 生物可降解复合材料具备优异性能。

本实验采用丙三醇为增塑剂制备 TPS,在相容剂的加入下通过双螺杆共混合注塑法制备 PBAT/TPS 共混材料。

【实验方案设计】

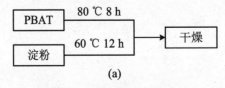

(a)

图 17-1　实验方案设计流程图

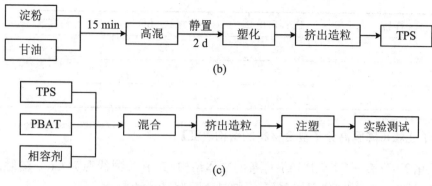

续图 17-1　实验方案设计流程图

【材料和仪器】

聚己二酸-对苯二甲酸丁二酯(PBAT)、淀粉、丙三醇、相容剂(CE1105)、高速混合机、双螺杆挤出机、注塑机、拉伸实验机、冲击实验机。

【实验步骤】

1. 淀粉和 PBAT 的干燥

分别将淀粉和 PBAT 放入鼓风干燥箱中进行干燥处理,PBAT 的干燥条件为 80 ℃×8 h,淀粉的干燥条件为 60 ℃×12 h。

2. TPS 的制备

将丙三醇与干燥后的玉米淀粉按照质量比 3∶7 进行混合。之后为了达到理想的混合效果,将混合物放入高速搅拌机进行多次混合,每次混合时间为 30 s,间隔时间为 15 min,尽可能地避免混合热的影响。混合结束后将混合物密封存放 2 d,以达到良好的增塑效果。最后将混合物在双螺杆挤出机中挤出造粒,以制备 TPS 粒料,双螺杆挤出机一区至四区的温度分别为 85 ℃、115 ℃、120 ℃、125 ℃。

3. TPS/PBAT 生物可降解高分子材料的制备

将 TPS、PBAT 和相容剂混合均匀,加入挤出机料斗,采用双螺杆挤出机进行挤出造粒,对实验挤出原料进行风冷,不使用水冷。

用注塑机将挤出所得粒料注塑制备哑铃型样条,挤出机一区至四区的温度分别为 85 ℃、150 ℃、160 ℃、160 ℃,螺杆转速为 15 r/min,注射机筒温度为 160 ℃,注射压力为 0.6 MPa,时间为 4 s,保压温度为 30 ℃,保压压力为 0.4 MPa,保压时间为 20 s。各组分配比如表 17-1 所示。

表 17-1　体系各组分质量质数

样品	PBAT(份)	TPS(份)	相容剂(份)
1	100	0	2
2	90	10	2

续表

样品	PBAT(份)	TPS(份)	相容剂(份)
3	80	20	2
4	70	30	2
5	60	40	2

【TPS/PBAT 生物可降解高分子复合材料的结构表征】

(1) 采用 XRD 表征 TPS/PBAT 样条的晶体结构,其中 X 射线源为 Cu-α 辐射、管电压为 40 kV、电流为 30 mA、扫描速率为 2°/min、扫描范围为 10°～40°。

(2) TPS/PBAT 生物可降解复合材料的扫描电镜形貌分析。将复合材料置于液氮中淬冷,然后再转入冷冻干燥机冷冻干燥,切取干燥好的小块试样进行喷金。然后用扫描电镜对 TPS/PBAT 复合材料的表面、断面进行观察。

(3) TPS/PBAT 生物可降解复合材料的热重分析。将充分干燥的试样研磨成细粉,平铺在坩埚中,然后用热重分析仪进行热重分析。

(4) TPS/PBAT 生物可降解复合材料的红外分析。将干燥的复合材料使用液氮冷却,再研磨成粉末状后与 KBr 混合均匀,压片或热压成薄膜,然后用傅里叶红外光谱仪进行测定。

【TPS/PBAT 生物可降解高分子复合材料的性能测试】

(1) TPS/PBAT 生物可降解高分子复合材料的拉伸性能测试。将注塑得到的哑铃状样品干燥并测得其截面面积,使用万能实验机测量其拉伸性能,得到最大拉力值,计算出其拉伸强度和断裂伸长率,多次测量取平均值。

(2) TPS/PBAT 生物可降解高分子复合材料的冲击性能测试。在注塑所得样品的中间位置制得 2 mm 的缺口,使用摆锤冲击实验机测得其缺口冲击强度,多次测量取平均值。

【思考题】

(1) 为什么要在实验前对淀粉和 PBAT 进行长时间的干燥处理?

(2) 挤出机生产 TPS/PBAT 生物可降解高分子复合材料时为什么使用风冷而不使用水冷?

实验 18　界面缩聚制备双酚 A 型聚芳酯

【实验目的】

了解界面聚合聚芳酯的制备方法、聚芳酯结构及性能测试方法。

【实验原理】

双酚 A 型聚芳酯是在 20 世纪 70 年代随液晶聚酰胺之后发展起来的一类热致型液晶聚合物,其大分子链由刚性芳香族环和酯键组成。双酚 A 型聚芳酯具有优异的抗张强度和模量、耐热性、高尺寸稳定性,尤为重要的是它具有比热致型液晶聚酰胺和杂环聚合物更优异的加工性能。然而,完全刚性的双酚 A 型液晶高分子熔点非常高,甚至超过了它们的分解温度,即使这类高分子具有潜在形成液晶相的能力,但在进入液晶相之前它们已经分解,液晶性无法呈现出来,导致难以加工。为了使这类高分子表现出热致型液晶的特征,方便加工,需要对完全刚性双酚 A 型聚芳酯进行分子设计,以降低熔点。

双酚 A 型聚芳酯原料来源丰富、制备方法简便、生产成本低、综合性能优良,是目前生产量最大、应用最广的芳香族聚酯之一。日本的 Unitika 公司于 1973 年首先实现工业化生产,其商品名为 U 聚合物;Celanese 公司随后也开始生产热致型液晶聚芳酯产品;Amoco、Du Pont、Bayer 等公司陆续进行了相关聚芳酯的研发生产。

界面缩聚方法是目前最有效的制备复合纳滤膜的方法,也是工业化生产纳滤膜品种最多、产量最大的方法。该方法利用 Morgan 的界面聚合原理,使反应物在互不相溶的两相界面处聚合成膜。界面缩聚要求单体具有一定的反应活性。本实验采用二元酚双酚 A(BPA)和二元酰氯为界面缩聚的体系。界面缩聚形成的聚芳酯具有很好的耐热性和成膜性,也是一种新颖的高分子膜材料。界面缩聚成膜的主要决定因素包括:

(1) 反应物的浓度对反应扩散系数的影响;

(2) 反应体系中乳化剂和酸接受剂浓度对膜性能的影响;

(3) 界面反应的相容剂对生成聚合物溶解性的影响;

(4) 界面反应的时间、温度等工艺条件的影响。

液晶的分类方法很多,按照液晶物质的分子量大小可分为液晶小分子和液晶高分子,液晶高分子还分为天然液晶高分子和合成液晶高分子。根据介晶单元在分子链中的相对位置和连接次序,液晶高分子可分为主链型液晶高分子、侧链型液晶高分子和复合型液晶高分子,分别表示分子的刚性部分处于主链上,或作为支链链段悬挂在主链之上,或同时分布在主、侧链上,其中侧链型液晶高分子也可称为梳状液晶。根据成分和出现液晶相的物理条件,液晶可分为热致型液晶(TLCP)和溶致型液晶(LLCP)两类。热致型液晶是指在升温到其玻璃化转变温度或熔点以上时呈现出液晶态的物质;溶致型液晶是指需要使用某种溶剂制成溶液,当溶液浓度达到一定值后才能显示液晶特征的物质。另外,根据介晶单元的几何结构不同,液晶可分为棒状液晶、盘状液晶和香蕉型液晶。液晶是某些物质在从固态向液态转换时形成的一种具有特殊性质的中间相态(或称过渡形态)。过渡形态的形成与分子结构有着内在联系,所以物质分子结构是液晶能否形成的主要原因,同样液晶的分子结构也决定着液晶的相结构和物理化学性质。

【实验方案设计】

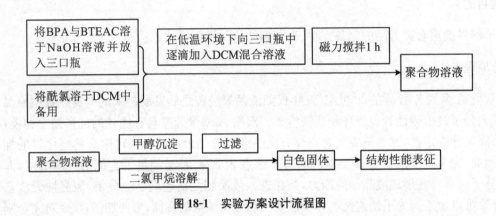

图 18-1　实验方案设计流程图

【试剂和仪器】

二元酚双酚 A(BPA)、氢氧化钠(NaOH)、苄基三乙基氯化铵(BTEAC)、二氯甲烷(DCM)、酰氯、甲醇、三口瓶、回流冷凝管、磁力搅拌器、恒温水浴锅、红外光谱仪、扫描电镜、X 射线衍射仪、热分析仪。

【实验步骤】

1. 制备 BPA、NaOH、BTEAC 混合溶液

三口瓶配备磁力搅拌器和恒温水浴锅,水浴锅中放入冰水混合物,用量筒量取适量 NaOH 倒入烧杯中,将适量 BPA 溶于 NaOH 溶液,再加入适量 BTEAC,搅拌使其充分溶解,得到黄色溶液。

2. 制备酰氯、二氯甲烷混合溶液

用量筒量取适量的二氯甲烷溶液并倒入烧杯中,称取一定量酰氯,将配备好的酰氯加入到二氯甲烷中,搅拌使其充分溶解。

3. 界面聚合制备聚芳酯

将溶解在二氯甲烷中的酰氯溶液在低温环境下逐滴加入到烧瓶中。

在低温下用磁力搅拌器高速强力搅拌,将反应混合物倒入甲醇中,将沉淀的聚酯过滤,并用去离子水洗涤数次。将得到的产物聚酯溶于二氯甲烷中并搅拌使其充分溶解,然后在甲醇中沉淀。过滤出聚合物,用甲醇洗涤 2～3 次,高温真空干燥即可得到聚芳酯产物。

注意：由于酰氯的反应活性很大，需要在低温条件下将有机相溶液滴加到双酚 A 的水溶液中。

【聚芳酯的结构表征】

1. 聚芳酯的红外分析

将干燥的聚芳酯研磨成粉末状后与 KBr 混合均匀，压片，然后用傅里叶红外光谱仪进行测定。

2. 聚芳酯的扫描电镜形貌观察

将聚芳酯放入液氮中淬冷，再转入冷冻干燥机冷冻干燥，切取干燥好的小块试样进行喷金，然后用扫描电镜对聚芳酯的表面、断面进行观察。

3. 聚芳酯的热重分析

将充分干燥的试样研磨成粉末，平铺在坩埚中，然后用热重分析仪进行热重分析。

【思考题】

（1）简述聚芳酯的应用现状？

（2）简述除了用界面聚合方法制备聚芳酯以外，还有哪些方法可以使用？

实验 19　硫化体系的配合特性对橡胶性能的影响

【实验目的】

研究橡胶硫化体系之间的配合特性；掌握选配方法及其对橡胶性能的影响。

【实验原理】

单纯的橡胶，不论是硫化胶还是生胶，其性能都难以满足使用要求，必须在橡胶中加入各种助剂，通过助剂与橡胶的物理或化学作用来实现不同的用途或目的。橡胶配方设计是指结合掌握的有关理论和实践经验，考虑产品结构、加工历程和设备等客观条件，根据产品的使用性能、产品寿命、外观质量等综合要求，经过实验、调整、验证，最后确定适用于实际生产的橡胶配合剂品种与用量配比的过程。配方设计人员要了解橡胶助剂的配合特性，掌握其选配方法和相互之间的协同与制约关系，以及对橡胶性能的影响。

硫化是指通过交联反应将线型橡胶分子转变成网状或网体状结构，将生胶变成具备使用性能的制品的化学反应过程。硫化是个复杂的化学反应过程，不同的硫化体系、工艺条件使硫化胶获得不同物化性能。对于同一橡胶而言，硫化体系是发挥橡胶物化性能的重要因素。

【试剂和仪器】

天然橡胶(NR)、硬脂酸、硫黄、氧化锌、促进剂 CZ、促进剂 TMTD、防老剂 4020、炭黑、芳烃油、转矩流变仪、XK-160 开炼机、平板硫化机、橡胶冲片机、万能实验机、橡胶硬度计、橡胶加工分析仪、扫描电镜(SEM)。

【实验步骤】

1. 实验配方及工艺参数的确定

实验配方参考表 19-1 进行设定，旨在考察硫化体系配合对橡胶性能的影响。

表 19-1　不同硫化体系配合的橡胶实验配方表

单位：质量份

编号	NR	硫黄	氧化锌	促进剂 CZ	促进剂 TMTD
1	100	2.5	0	0	0
2	100	2.5	6	0	0
3	100	2.5	6	0.7	0
4	100	2.5	6	0.7	0.3
5	100	2.5	0	0.7	0.3
6	100	0	6	0.7	0.3
7	100	0	0	0.7	0.3

注：炭黑 50 份、硬脂酸 1 份、防老剂 4020 1.5 份、芳烃油 3 份。

2. 实验步骤

（1）按配方称取 NR、炭黑、硫黄、氧化锌、促进剂 CZ、促进剂 TMTD、防老剂 4020、硬脂酸、芳烃油。

（2）先在转矩流变仪上依次加入 NR、硬脂酸、防老剂 4020、炭黑、芳烃油，在 120 ℃下混炼 7 min，制得一次混炼胶。

（3）将停放 4 h 的一次混炼胶放在开炼机上进行二次混炼，按照配方依次加入促进剂 CZ、促进剂 TMTD、硫黄，开炼机温度为 50 ℃，混炼 4 min，调整辊距为 2 mm 后下片。

（4）用橡胶加工分析仪对混炼胶进行硫化性能测试，获得硫化性能参数，在平板硫化机上进行硫化，硫化条件为 145 ℃×T_{90}×12 MPa。

（5）将硫化胶在橡胶冲片机上按照国家标准制得标准样条，测试结果填入表 19-2。

表 19-2　橡胶力学性能测试结果

编号	300％定伸应力（MPa）	拉伸强度（MPa）	断裂伸长率（％）	撕裂强度（KN/m）	邵氏硬度（度）
1					
2					
3					
4					
5					
6					
7					

（6）对橡胶拉伸断面进行 SEM 观察，并用溶胀度法测定橡胶的交联度。

（7）用橡胶加工分析仪分析橡胶的力学松弛性能。

【数据处理及分析】

(1) 记录橡胶实验配方和混炼、硫化工艺参数，以表格形式给出。

(2) 绘出硫化体系的配合特性对橡胶力学性能、表观交联密度的影响。

(3) 给出 SEM 电镜照片，讨论硫化体系的配合对橡胶拉伸断面表面结构的影响。

(4) 硫化体系的配合对橡胶松弛性能有什么影响。

【思考题】

(1) 硫化体系中各组分在橡胶中的作用是什么？

(2) 针对不同的测试结果，做出合理的讨论和解释。

附　　录

附录 1　高分子化学实验室安全手册

1.1　化学危险品的影响

化学危险品通常具有易燃、易爆、腐蚀、有毒和放射性等危险性质,如腐蚀性化学药品会损伤或烧毁皮肤。

有些易燃化学危险品在受热、遇湿、撞击、摩擦、电弧或与某些物品(如氧化剂)接触后,会引起燃烧或爆炸。

化学药品配制、使用不当可能引起爆炸或者液体飞溅;随意倾倒化学废液会导致环境污染。

微量剧毒药品侵入机体,短时间内即可使人中毒、致残或有生命危险;剧毒药品使用不当会造成环境污染。

短时间大剂量的射线照射会导致人体机体的病变;长时间小剂量的射线照射有可能产生遗传效应;大量吸入放射物质可能导致人体内脏发生病变。

1.2　实验过程中的人身保护措施

化学实验均具有一定的危险性。进行化学实验之前,必须认真考虑人身防护(包括实验者和来访者)措施,化学实验室均需配备必要的防护器具。

实验过程中必须穿实验服,不可穿已被污染的实验服进入办公室、会议室、食堂等公共场所。实验服应该经常清洗(但不应带到普通洗衣店或家中洗涤)。

所有涉及挥发性药品(包括刺激性药品)的操作都必须在通风橱中进行。一般情况下,通风橱内不应放置大件设备,不可堆放试剂或其他杂物;操作过程中不可将头伸进通风橱;反应过程中应尽量将橱门放低。

实验过程中尽量不要戴隐形眼镜。提倡在实验过程中佩戴防护眼镜,至少在进行具有潜在危险的化学实验操作以及可能对眼部有冲击危险的实验过程中佩戴防护眼镜,同时还必须考虑来自邻近其他实验可能产生的危险因素。

进行某些易溅、易爆的实验时,应设法在实验装置与操作者之间安装透明防护板或采取其他防护措施。

进行化学实验操作时,必须佩戴合适的防护手套,应根据实际操作选择对手能起到防腐、防渗或防烫等作用的手套;为避免有毒、有害物质污染扩散,操作过程中接触日常物品(如电话、门把手、笔等)时应脱下手套。

任何人不得在实验室穿拖鞋,实验过程中长发应当束起。

1.3 化学药品的使用、保存、安全处理和废弃的程序

使用化学药品前,要详细查阅有关化学药品的使用说明(Materials Safety Date Sheets,MSDS),充分了解化学药品的物理和化学特性。

严格遵照操作规程和使用方法使用化学药品,避免对自己和他人造成危害。

佩戴合适的个人保护器具,在通风橱中操作实验,实验中不得擅自离开岗位。

清楚工作的地方所用的有害性物质,了解它们对身体健康的危害,注意采取相应的预防措施。

清楚因接触化学危险品而造成化学损伤时所要采用的应急措施并有所准备。

在化学危险品使用过程中一旦出现事故,应立即采取相应的控制措施,并及时向有关老师和部门报告。

剧毒药品保管实行责任制,"谁主管,谁负责",责任到人;剧毒药品管理实行以"五双"制度(即双人保管、双锁、双账、双人领取、双人使用)为核心的安全管理制度,落实各项安全措施;必须使用专用铁皮保险箱(柜),严防发生被盗、丢失、误用和中毒事故;使用剧毒药品时必须佩戴个人防护器具,在通风橱中操作,做好应急救援预案;实验产生的剧毒药品废液、废弃物等要妥善保管,不得随意丢弃、掩埋或者水冲;学生在使用剧毒物品时必须由教师带领,废液、废弃物等应该集中保存,由学校统一处理;临时工作人员不得使用剧毒物品;剧毒物品不得私自转让、赠送、买卖。

1.4 实验室用电安全

危害:电击会导致伤害,甚至死亡;短路有可能导致爆炸和火灾;电弧或电火花会点燃易燃物或者引爆具有爆炸性的材料;电器过载会令机器损坏、短路或者燃烧。

预防:导电体必须用绝缘材料封护或隔离起来,防止触电;经常检查电线、插头或插座,发现损毁时应立即更换;切勿用湿手或站在潮湿的地板上启动电源开关、触摸电器用具;电炉、高压灭菌锅等用电设备在使用过程中,使用人员不得离开;电器用具要保持在清洁、干燥和良好的情况下使用,清理电器用具前要切断电源;修理或安装电器设备时应先切断电源;非电器施工专业人员切勿擅自拆、改电器线路;实验室禁止私拉电线;不要在一个电源插座上通过转接头连接过多的电器;不要擅自使用大功率电器,如有特殊需要必须与学校主管部门联系。

1.5 化学废液、废物的处理方法

危害:化学废液收集不当会导致环境及地下水污染;随意乱倒化学废液、乱扔化学废物不仅污染环境,还会伤及无辜。

预防:有毒、有害化学废液(包括所有有机废液,无论浓度大小)要随时收集;化学废液要分

类收集，用适当的容器盛装存放，定点保存，并标明化学物质名称、体积及实验室名称；剧毒化学物质、放射性物质由实验室单独存放（不可置于明处），且不可倒入废液桶，联系实验室安全员并慎重处理；过期的、不知名的固体化学药品也要妥善保存，交由学校统一处理；值日生必须每天按时处理当日积存的实验垃圾。

1.6　实验室其他方面的安全

保持实验室环境的整洁卫生，做到地面、桌面、设备三清洁；水暖管道有漏水现象时应及时通知有关部门修理；使用冷凝水时要接好水管，并保证排水通畅；正确使用通风橱、电扇、空调等设施，发现问题及时汇报，集中修理；每天下班前检查实验室门、窗是否关好，电气线路、通风设备、饮水设施等是否切断电源，自来水龙头是否关紧；最后一名离开实验室的人员应该确保实验室安全锁好。

附录 2　聚合反应转化率的测定

要了解一个聚合反应的进行情况，就要测定一定反应时间后的反应程度或转化率，可通过反应过程中反应物官能团的变化、反应体系黏度及折射率等的变化来判断，常用的测定方法有称重法、化学分析法、膨胀计法、折光仪法、黏度法和仪器分析法等。

2.1　称重法

在反应进行一段时间之后停止聚合，分离并称量所生成的聚合物。分离时既可以选用合适的沉淀剂，将聚合物从反应体系中沉淀出来，也可以通过蒸馏和抽提从反应和混合物中除去未反应的单体、溶剂以及其他易挥发的成分。前一种分离方法会使聚合物在沉淀、过滤、干燥过程中产生损失；而后一种方法往往会有少量单体、低聚物或其他分子物残留在聚合物样品中。在精确的实验中，需将两者对照并进行修正。

2.2　化学分析法

通常用滴定法测定残留官能团的数目。在缩聚反应中，可同时测得反应程度和数均聚合度。例如，聚酯化反应中用标准碱来滴定残余的羧基，聚酰胺化反应中用标准酸来滴定氨基。也可以用回滴定的方法，如聚酯化反应中产物的羟基测定，可在吡啶溶液中使羟基和乙酸酐反应，随后稀释并用标准碱回滴定剩余的乙酸和聚合物链上的羟基。烯类单体聚合中残余双键也可以用化学滴定法进行分析。如溶液聚合过程中，剩余在四氯化碳中的苯乙烯单体和溴或溴化碘的标准溶液反应后，过量溴再与碘化钾反应，而游离碘用硫代硫酸钠滴定。

2.3　膨胀计法

烯类单体聚合时都有不同程度的体积收缩，而当单体和它的聚合物混合时，单体本身无明显的体积变化，这样，一个聚合体系的转化率和它的体积之间就有了线性关系。为了跟踪聚合反应过程中的体积变化,可使反应在膨胀计中进行。膨胀计的形式、反应器的大小、毛细管的粗细可根据测量范围内的体积变化和所要达到的精度来确定。反应时要求膨胀计无泄漏、反应器内无气泡,并严格控制反应温度。在低转化率的条件下(动力学实验只要求低转化率),聚合体系黏度低,传热问题不突出,可以不用搅拌,但在乳液聚合体系中搅拌则不可缺少。现已有多种形式的自动记录膨胀计出现,可以进行全聚合过程的速率测定。

2.4　折光仪法

通过测定折光指数来跟踪聚合反应是一种简单且快速的方法,它的原理是聚合物和单体化学键的排列不同,因而具有不同的折射率。通过测定聚合物-单体混合体系的折射率,再结合一定的换算关系即可获得单体转化率数据。

2.5　黏度法

在一定温度下,黏度既取决于聚合物的浓度,又取决于聚合物的相对分子质量。聚合体系黏度的增加反映了转化率的增加。自由基聚合和缩聚反应中常用相对黏度法控制反应过程,但要掌握黏度和转化率之间的定量关系,应该用其他方法获得的校正曲线做对照。

2.6　气相色谱法

气相色谱是一种简单、迅速而有效的分析方法。它特别适用于多组分的共聚合体系。对于共聚合体系来说,其他方法常常不适用,或者需要耗费大量时间进行校正。先从混合体系中沉淀分离出聚合物,再用气相色谱法分析溶于沉淀剂中的单体,低转化率的体系也可以直接取样分析。

2.7　红外光谱法

红外光谱法是通过红外光谱的特征吸收峰来测定特定官能团浓度的变化。因单体和聚合物的结构不同,它们的红外光谱图常显示出很大的差异,这种差异被用来追踪聚合过程。用红外光谱测定一个聚合反应时,可以将适合的聚合反应器安放在红外光谱仪的光路中,从而在不影响聚合反应的情况下进行测定。

附录 3　常用有机溶剂的纯化

3.1　甲醇的纯化

工业甲醇(CH_3OH)含水量为 $0.5\%\sim1\%$,含醛酮(以丙酮计)约 0.1%。因为甲醇和水不形成共沸混合物,所以可用高效精馏柱将少量水除去。精制甲醇中含 0.1% 水和 0.02% 丙酮。若要含水量低于 0.1%,则可用 3A 分子筛干燥,也可用镁处理。若要除去含有羰基的化合物,可在 500 mL 甲醇中加入 25 mL 糠醛和 60 mL 10%NaOH 溶液,回流 $6\sim12$ h,即可分馏出无丙酮的甲醇,丙酮与糠醛生成树脂状物留在瓶内。

3.2　乙醇的纯化

工业乙醇(CH_3CH_2OH)纯度为 95.5%,含水 4.4%。乙醇与水形成共沸物,不能用一般分馏法去水。实验室常用生石灰为脱水剂,乙醇中的水与生石灰反应生成氢氧化钙,从而去除水分,蒸馏后可得含量约为 99.5% 的无水乙醇。若需绝对无水乙醇,则可用金属钠或镁对无水乙醇做进一步处理,得到纯度大于 99.95% 的绝对乙醇。

1. 无水乙醇(含量 99.5%)的制备

在 500 mL 圆底烧瓶中,加入 95% 乙醇 200 mL 和生石灰 50 g,放置过夜。然后在水浴中回流 3 h,再将乙醇蒸出,得含量约 99.5% 的无水乙醇。另外,还可利用苯、水和乙醇形成低共沸混合物的性质,将苯加入乙醇中进行分馏,在 64.9 ℃ 时蒸出苯、水、乙醇的三元恒沸混合物,多余的苯在 68.3 ℃ 与乙醇形成二元恒沸混合物被蒸出,最后蒸出乙醇。工业上多采用此法。

2. 绝对乙醇(含量 99.95%)的制备

(1) 用金属镁制备。

在 250 mL 的圆底烧瓶中,放置 0.6 g 干燥洁净的镁条和几小粒碘,加入 10 mL 99.5% 的乙醇,装上回流冷凝管。在冷凝管上端附加一只氯化钙干燥管,在水浴中加热,注意观察在碘周围的镁的反应,碘的棕色减退,镁周围变浑浊,并伴随着氢气放出,至碘粒完全消失(若不起反应,则可再补加数小粒碘)。然后继续加热,待镁条完全溶解后加入 100 mL 99.5% 的乙醇和几粒沸石,继续加热回流 1 h,改为蒸馏装置蒸出乙醇,所得乙醇纯度可超过 99.95%。

(2) 用金属钠制备。

在 500 mL 99.5% 乙醇中,加入 3.5 g 钠,安装回流冷凝管和干燥管,加热回流 30 min 后,再加入 14 g 邻苯二甲酸二乙酯或 13 g 草酸二乙酯,回流 2~3 h,然后进行蒸馏。钠虽能与乙醇中的水作用,产生氢气和氢氧化钠,但生成的氢氧化钠又与乙醇发生平衡反应,所以单独使用金属钠并不能完全除去乙醇中的水,须加入过量的高沸点酯,如邻苯二甲酸二乙酯与生成的氢氧化钠作用,抑制上述反应,从而达到进一步脱水的目的。因为乙醇有很强的吸湿性,所以仪器必须烘干,并尽量快速操作,以防乙醇吸收空气中的水分。

3.3　乙醚的纯化

普通乙醚($CH_3CH_2OCH_2CH_3$)中常含有一定量的水、乙醇和少量过氧化物等杂质。制备无水乙醚首先要检验有无过氧化物。因此,取少量乙醚与等体积的 2% 碘化钾溶液,加入几滴稀盐酸一起振摇,若淀粉溶液呈紫色或蓝色,则证明有过氧化物存在。除去过氧化物可在分液漏斗中加入普通乙醚和相当于乙醚体积 1/5 的新配制的硫酸亚铁溶液,剧烈摇动后分去水溶液。再用浓硫酸和金属钠作为干燥剂,所得无水乙醚可用于 Grignard 反应。

在 250 mL 圆底烧瓶中,放置 100 mL 除去过氧化物的普通乙醚和几粒沸石,装上回流冷凝管。冷凝管上端通过一带有侧槽的软木塞,插入盛有 10 mL 浓硫酸的滴液漏斗。通入冷凝水,将浓硫酸慢慢滴入乙醚中。由于脱水发热,乙醚会自行沸腾。加完后摇动反应瓶,待乙醚停止沸腾后,拆下回流冷凝管,改装蒸馏装置以回收乙醚。在收集乙醚的接引管支管上连一氯化钙干燥管,用与干燥管连接的橡皮管把乙醚蒸气导入水槽。在蒸馏瓶中补加沸石后,用事先准备好的热水浴加热蒸馏,蒸馏速率不宜太快,以免乙醚蒸气来不及冷凝而逸散室内。收集约70 mL乙醚,待蒸馏速率显著变慢时,可停止蒸馏。瓶内所剩残液,倒入指定的回收瓶中,切不可将水加入残液中(飞溅)。将收集的乙醚倒入干燥的锥形瓶中,将钠块迅速切成极薄的钠片后加入锥形瓶,然后用带有氯化钙干燥管的软木塞塞住,或在木塞中插入末端拉成毛细管的玻璃管,这样可防止潮气侵入,并可使产生的气体逸出,放置24 h以上,使乙醚中残留的少量水和乙醇转化成氢氧化钠和乙醇钠。若不再有气泡逸出,同时钠的表面较好,则可储存备用。若放置后,金属钠表面已全部发生作用,则须重新加入少量钠片直至无气泡发生。这种无水乙醚可符合一般的纯度要求。

3.4 丙酮的纯化

普通丙酮(CH_3COCH_3)中含有少量水及甲醇、乙醛等还原性杂质,可用下列方法精制。

在100 mL丙酮中加入2.5 g高锰酸钾回流,以除去还原性杂质,若高锰酸钾紫色很快消失,则补加少量高锰酸钾继续回流,直至紫色不再消失时为止,蒸出丙酮。用无水碳酸钾或无水硫酸钙干燥,过滤,蒸馏,收集55~56.5 ℃馏分。

3.5 乙酸乙酯的纯化

乙酸乙酯($CH_3COOCH_2CH_3$)化学试剂的含量为98%,另含有少量水、乙醇和乙酸,可用以下方法精制:取100 mL 98%乙酸乙酯,加入9 mL乙酸酐回流4 h,除去乙醇及水等杂质,然后蒸馏,蒸馏液中加2~3 g无水碳酸钾,干燥后再重蒸,可得99.7%左右的纯度。也可先用与乙酸乙酯等体积的5%碳酸钠溶液洗涤,再用饱和氯化钙溶液洗涤,然后加无水碳酸钾干燥、蒸馏。对水分要求严格时,可在经碳酸钾干燥后的酯中加入少许五氧化二磷,振摇数分钟,过滤,然后在隔湿条件下蒸馏。

3.6 石油醚的纯化

石油醚是石油的低沸点馏分,为低级烷烃的混合物,按沸程不同分为30~60 ℃、60~90 ℃、90~120 ℃类。主要成分为戊烷、己烷、庚烷,此外含有少量不饱和烃、芳烃等杂质。精制方法:在分液漏斗中加入石油醚及其体积1/10的浓硫酸一起振摇,除去大部分不饱和烃。然后用10%硫酸配成的高锰酸钾饱和溶液洗涤,直到水层中的紫色消失时为止,再经水洗,用无水氯化钙干燥后蒸馏。石油醚为一级易燃液体。大量吸入石油醚蒸气会有麻醉症状。

3.7 苯的纯化

普通苯(C_6H_6)含有少量水(约0.02%)及噻吩(约0.15%)。若需无水苯,则可用无水氯化钙干燥过夜,过滤后压入钠丝。无噻吩苯可根据噻吩比苯容易磺化的性质,用下述方法纯化。

在分液漏斗中,将苯和相当其体积10%的浓硫酸在室温下一起振摇,静置混合物,弃去底层的酸液,再加入新的浓硫酸,重复上述操作直到酸层呈无色或淡黄色,且检验无噻吩时为止。

苯层依次用水、10%碳酸钠溶液、水洗涤,再用无水氯化钙干燥,蒸馏,收集80℃馏分备用。若要高度干燥的苯,可压入钠丝或加入钠片干燥。

噻吩的检验:取5滴苯于试管中,加入5滴浓硫酸和1～2滴1%靛红(浓硫酸溶液),振摇片刻,如呈墨绿色或蓝色,则有噻吩存在。

3.8　氯仿的纯化

氯仿(三氯甲烷,$HCCl_3$)露置于空气和光照下,与氧缓慢作用,分解产生光气、氯和氯化氢等有毒物质。普通氯仿中加有0.5%～1%的乙醇作为稳定剂,以便与产生的光气作用使其转变成碳酸乙酯,从而消除毒性。纯化方法有两种:其一,依次用氯仿体积5%的浓硫酸、水、稀氢氧化钠溶液和水洗涤,无水氯化钙干燥后蒸馏即得;其二,可将氯仿和相当其1/2体积的水在分液漏斗中振摇数次,以洗去乙醇,然后分去水层,用无水氯化钙干燥。除去乙醇的氯仿应装于棕色瓶内,贮存在阴暗处,以避免光照。氯仿绝对不能用金属钠干燥,易发生爆炸。

氯仿具有麻醉性,长期接触易损伤肝脏。液体氯仿有很强的脱脂作用,接触皮肤会产生损伤,进一步感染会引起皮炎。氯仿不燃烧,在接触高温与明火或红热物体时会产生剧毒的光气和氯化氢气体,故应置阴凉处密封贮存。

3.9　N,N-二甲基甲酰胺的纯化

N,N-二甲基甲酰胺($HCON(CH_3)_2$,DMF)中的主要杂质是胺、氨、甲醛和水。该化合物与水形成$HCON(CH_3)_2 \cdot 2H_2O$,在常压蒸馏时部分分解,产生二甲胺和一氧化碳,有酸或碱存在时分解加快。精制方法:可用硫酸镁、硫酸钙、氧化钡或硅胶、4A分子筛干燥,然后减压蒸馏,收集76℃/4.79 kPa(36 mmHg)馏分。含水较多时,可加入10%(体积)的苯,常压蒸去水和苯后,用无水硫酸镁或氧化钡干燥,再进行减压蒸馏。

精制后的N,N-二甲基甲酰胺有吸湿性,最好放入分子筛后,密封避光贮存。N,N-二甲基甲酰胺为低毒类物质,对皮肤和黏膜有轻度刺激作用,可经皮肤吸收。

3.10　二甲基亚砜的纯化

二甲基亚砜(CH_3SOCH_3,DMSO)是高极性的非质子溶剂,一般含水量约为1%,另外还含有微量的二甲硫醚和二甲砜。常压加热至沸腾可部分分解。制备无水二甲基亚砜,可先减压蒸馏,然后用4A分子筛干燥;也可加入氧化钙、氢化钙、氧化钡或无水硫酸钡后搅拌干燥4～8 h,再减压蒸馏收集64～65℃/533 Pa(4 mmHg)馏分。蒸馏时温度不高于90℃,否则会发生歧化反应,生成二甲砜和二甲硫醚。也可用部分结晶的方法纯化。

二甲基亚砜易吸湿,应放入分子筛贮存备用。二甲基亚砜与某些物质混合时可能发生爆炸,如氢化钠、高碘酸或高氯酸镁等。

3.11　吡啶的纯化

吡啶(C_5H_5N)有吸湿性,能与水、醇、醚任意混溶;与水形成共沸物,94℃沸腾,其中含57%的吡啶。工业吡啶中除含水和胺杂质外,还有甲基吡啶或二甲基吡啶。工业精制吡啶时,通常

是加入苯,进行共沸蒸馏。实验室精制时,可加入固体氢氧化钾或固体氢氧化钠。分析纯的吡啶含有少量水分,但已可供一般应用。若要制备无水吡啶,可用粒状氢氧化钾或氢氧化钠先干燥数天,倾出上层清液,加入金属钠回流 3~4 h,然后隔绝潮气蒸馏,则得到无水吡啶。干燥的吡啶吸水性很强,储存时须将瓶口用石蜡封好。若蒸馏前不加金属钠回流,则将馏出物通过装有 4A 分子筛的吸附柱,也可使吡啶中的水含量降到 0.01% 以下。

3.12 二硫化碳的纯化

二硫化碳(CS_2)因含有硫化氢、硫黄和硫氧化碳等杂质而有恶臭味。一般有机合成实验中对二硫化碳要求不高,可在普通二硫化碳中加入少量研碎的无水氯化钙,干燥后滤去干燥剂,然后在水浴中蒸馏收集。若要制得较纯的二硫化碳,则需将试剂级的二硫化碳用 0.5% 高锰酸钾水溶液洗涤 3 次,除去硫化氢,再用汞不断振荡除去硫,最后用 2.5% 硫酸汞溶液洗涤,除去所有恶臭(剩余的硫化氢),再经氯化钙干燥,蒸馏收集。

二硫化碳为有较高毒性的液体,能使血液和神经中毒,它具有高度的挥发性和易燃性,所以使用时必须十分小心,避免接触其蒸气。

3.13 四氢呋喃的纯化

四氢呋喃(C_4H_8O)是具有乙醚气味的无色透明液体,市售的四氢呋喃常含有少量水分及过氧化物。若要制得无水四氢呋喃,可将其与氢化铝锂在隔绝潮气下和氮气气氛中回流(通常 1000 mL 约需 2~4 g 氢化铝锂),除去其中的水和过氧化物,然后在常压下蒸馏,收集 67 ℃ 的馏分。精制后的四氢呋喃应加入钠丝并在氮气气氛中保存,较久放置时,应加 0.025% 的4-甲基-2,6-二叔丁基苯酚作为抗氧剂。处理四氢呋喃时,应先取少量进行实验,以确定只有少量水和过氧化物,过程不致过于猛烈,然后方可进行。

四氢呋喃中的过氧化物可用酸化的碘化钾溶液来实验,若有过氧化物存在,则会立即出现游离碘的颜色,这时可加入 0.3% 的氯化亚铜,加热回流 30 min,蒸馏,以除去过氧化物。也可以加硫酸亚铁处理,或让其通过活性氧化铝来除去过氧化物。

3.14 1,2-二氯乙烷的纯化

1,2-二氯乙烷($ClCH_2CH_2Cl$)为无色油状液体,有芳香味,与水形成恒沸物,沸点为 72 ℃。含量为 81.5% 的 1,2-二氯乙烷可与乙醇、乙醚、氯仿等相混溶。其在结晶和提取时是极有用的溶剂,比常用的含氯有机溶剂更为活泼。一般纯化可依次用浓硫酸、水、稀碱溶液、水洗涤,再用无水氯化钙干燥或加入五氧化二磷分馏即可。

1,2-二氯乙烷易燃,有着火的风险;可经呼吸道、皮肤和消化道吸收,在体内的代谢产物2-氯乙醇和氯乙酸均比 1,2-二氯乙烷本身的毒性大;1,2-二氯乙烷属高毒类,对眼和呼吸道有刺激作用,其蒸气可使动物角膜混浊;吸入可引起脑水肿和肺水肿,并能抑制中枢神经系统、刺激胃肠道,引起心血管系统和肝肾损害;皮肤接触后可致皮炎。

3.15 二氯甲烷的纯化

二氯甲烷(CH_2Cl_2)为无色挥发性液体,微溶于水,能与醇、醚混溶;与水形成共沸物,含二

氯甲烷 98.5%，沸点 38.1 ℃。二氯甲烷中往往含有氯甲烷、二氯甲烷、三氯甲烷和四氯甲烷等。纯化时，依次用浓度为 5%的氢氧化钠溶液或碳酸钠溶液洗 1 次，再用水洗 2 次，用无水氯化钙干燥 24 h，最后蒸馏，并在有 3A 分子筛的棕色瓶中避光储存。二氯甲烷有麻醉作用，并损害神经系统，与金属钠接触易发生爆炸。

3.16　二氧六环的纯化

二氧六环(1,4-二恶烷，O(CH₂CH₂)₂O)能与水任意混合，常含有少量二乙醇缩醛与水，久贮的二氧六环可能含有过氧化物(用氯化亚锡回流除去)。二氧六环的纯化方法：在 500 mL 二氧六环中加入 8 mL 浓盐酸和 50 mL 水的溶液，回流 6～10 h。在回流过程中，慢慢通入氮气以除去生成的乙醛。冷却后，加入固体氢氧化钾，直到不能再溶解时为止。分去水层，再用固体氢氧化钾干燥 24 h，然后过滤，在金属钠存在下加热回流 8～12 h，最后在金属钠存在下蒸馏，加入钠丝密封保存。精制过的二氧六环应当避免与空气接触。

3.17　四氯化碳的纯化

四氯化碳(CCl₄)微溶于水，可与乙醇、乙醚、氯仿、石油醚等混溶。四氯化碳含 4%的二硫化碳，含微量乙醇。纯化时，可将 1000 mL 四氯化碳、60 g 氢氧化钾溶于 60 mL 水和 100 mL 乙醇中，在 50～60 ℃时振摇 30 min，然后水洗，再将此四氯化碳按上述方法重复操作一次(氢氧化钾的用量减半)，最后将四氯化碳用氯化钙干燥，过滤，蒸馏收集 76.7 ℃馏分。不能用金属钠干燥，存在爆炸风险。

附录 4　聚合物的化学分析方法

4.1　双键的测定

测定聚合物的不饱和键主要是根据溴和碘在双键上的定量加成反应。常用下列方法：克诺泼法、亢乌斯法和卡乌天曼法。后两种方法在没有催化剂时不适用于分析丙烯酸(酯)和它的衍生物。

下面介绍克诺泼法测定溴值。

采用 KBr 和 KBrO₃ 溶液作为溴化剂，在浓盐酸作用下，放出自由态溴。溴易和碳碳双键加成，这一反应可用来测定化合物中碳碳双键的含量。溴酸钾和溴化钾在酸性介质中反应能生成溴，所以溴酸钾和溴化钾溶液常被用来作为测定碳碳双键含量的试剂。

测定方法如下：在装有样品的反应瓶内加入过量的 KBrO₃-KBr 水溶液①，反应完全后加入 KI，析出的 I₂ 用 Na₂S₂O₃ 标准溶液②回滴，其反应式为

$$Br_2 + 2KI \longrightarrow I_2 + 2KBr$$

$$I_2 + 2Na_2S_2O_3 \longrightarrow 2NaI + Na_2S_4O_6$$

同时进行空白滴定，由空白滴定和样品滴定中消耗的 Na₂S₂O₃ 溶液体积之差可求出双键

的含量。结果可以用溴价(100 g 样品消耗的溴的质量,mg)或双键的百分含量来表示。

$$B = \frac{(V_1 - V_2)M \times 79.916}{W} \times 100\%$$

$$E = \frac{(V_1 - V_2)M \times 12.01}{W} \times 100\%$$

式中,B 为溴价;E 为双键百分含量;V_1、V_2 分别为空白和样品滴定中消耗的 $Na_2S_2O_3$ 标准溶液的体积,mL;M 为 $Na_2S_2O_3$ 标准溶液的浓度;W 为样品质量,mg。

如果被测样品中含双键的单体,则可根据实测的双键百分含量或溴价计算出样品的纯度。

测定操作如下:在 250 mL 的锥形瓶中加入 10 mL 冰乙酸、四氯化碳、甲醇等混合溶剂③,塞好磨口瓶塞,用一事先准备好的干净滴管迅速滴入几滴样品(质量约为 120~150 mg),立即盖好瓶塞,在天平上准确称重。然后用移液管吸取 50 mL 0.1 mol/L 的 $KBrO_3$-KBr 溶液放入锥形瓶内④,再加入 2 mL 浓 HCl,盖上瓶塞摇匀后避光放置 20~30 min。加入 1.5 g 固体 KI⑤,摇动使之溶解,在暗处放置 5 min。然后用 0.12 mol/L 的 $Na_2S_2O_3$ 标准溶液滴定。滴定接近终点时溶液呈浅黄色,这时加入 1 mol/L 的淀粉溶液,继续滴定至蓝色消失,记下读数。按同样方法做空白滴定。样品及空白滴定都要做两次,取两次平均值⑥。

注:

① 准确称取 2.784 g $KBrO_3$ 和 10.000 g KBr,用蒸馏水溶解,稀释至 1 L,避光保存。

② 称取 30 g $Na_2S_2O_3$ 和 0.2 g Na_2CO_3,用新煮沸过的蒸馏水(冷却至室温)溶解并稀释至 1 L,密闭保存于棕色瓶中,放置 8~12 d 后标定其浓度。加入 Na_2CO_3 是为了防止 $Na_2S_2O_3$ 分解。Na_2CO_3 浓度不要超过 0.02%。若要长期保存,还应加入 HgI_2(10 mL/L),以防止微生物作用。

③ 混合溶剂的配制,取 375 mL 冰乙酸、67 mL 四氯化碳、60 mL 甲醇、9 mL 稀 H_2S(体积比1∶5)、2 mL 10% 的 $HgCl_2$ 甲醇溶液。将上述试剂混合均匀即得混合溶剂,其中 $HgCl_2$ 为催化剂。

④ 夏天室温较高,在加入 $KBrO_3$-KBr 溶液后,反应瓶最好及时浸入冰水里,以减少副反应。

⑤ KI 是过量的,过量的 I^- 与 I 生成络离子有助于 I 的溶解,但 KI 的浓度不要超过 4%。

⑥ 这一测定方法不适合测定那些在双键碳原子上连有吸电子基团的烯烃。

4.2 羟基的测定

羟值是指在本方法中滴定 1 g 样品所消耗的 KOH 的质量。

用 KOH 或 NaOH 滴定在此反应过程中消耗的酸酐,即可求出羟值。常用的酸酐有醋酸酐和邻苯二甲酸酐。具体操作步骤如下:

在一洁净、干燥的棕色瓶内,加入 100 mL 新蒸吡啶和 15 mL 新蒸醋酸酐①混合均匀后备用。称取 2 g 样品(精确到 1 mg)并放入 100 mL 磨口锥形瓶内,用移液管准确移取 10 mL 上述配好的乙酐-吡啶溶液并放入瓶内,用 2 mL 吡啶②冲洗瓶口,然后在瓶口上装上带有干燥管的回流冷凝管。轻轻摇动瓶子使样品溶解。待样品溶解完全之后将锥形瓶放在甘油浴中,于100 ℃③下保持 1 h,加入 5 mL 蒸馏水,再过 10 min 从甘油浴中取出锥形瓶,用 5 mL 吡啶冲洗冷凝管④。冷至接近室温时取下冷凝管,加入 3~5 滴 0.1% 酚酞乙醇溶液,用 1 mol/L 的 KOH

标准溶液滴定。同时做空白滴定。重复两遍。计算公式为

$$羟值 = \frac{(V_0 - V)M \times 56.11}{W} \times 100\%$$

式中，V、V_0 分别为样品滴定、空白滴定消耗的 KOH 标准溶液体积，mL；M 为 KOH 标准溶液的浓度，mol/L；W 为样品质量，g。

对于端羟基聚合物来说，通过测其羟基可以计算其数均相对分子质量。若聚合物分子是双端羟基，则其数均分子量 M_n，可表示为

$$M_n = \frac{2 \times 56.11 \times 1000}{羟值}$$

注：

① 本方法中的试剂用量以相对分子质量 1000~2000 的双端基聚四氢呋喃为依据，若测定其他含羟基的样品，则试剂的配制及用量可根据具体情况做适当调整。吡啶有毒，操作应在通风橱中进行。

② 冲洗瓶口用 2 mL 吡啶即可。若样品在稍加热的情况下仍溶解得不好，可再加入少量吡啶，但要适量，否则酸酐浓度过低，将不利于酰化反应进行。

③ 酰化反应不要在回流条件下进行，因为在回流温度下乙酐-吡啶溶液颜色会加深，从而干扰测定。温度稍低一点，虽反应速率降低，但因酸酐过量，酰化反应仍能进行完全。

④ 反应结束后，用吡啶仔细冲洗冷凝管。

4.3　环氧值的测定

环氧树脂中的环氧基含量可用环氧值或环氧基的质量百分含量表示。环氧值是指 100 g 环氧树脂中含有的环氧基的物质的量(mol)。若相对分子质量为 340 的环氧树脂分子含有 2 个环氧基，则 340 g 树脂中含有 2 mol 环氧基，其环氧值为 0.58(2×100/340)，环氧值和环氧基百分含量的换算关系为

$$环氧值 = \frac{环氧基百分含量}{43} \times 100\%$$

环氧树脂中的环氧基在盐酸吡啶溶液中能被 HCl 开环，测定消耗的 HCl 的量，即可算出环氧值。其反应式为

$$C_5H_5N + HCl \Longrightarrow C_5H_5NH(+)Cl(-)$$

$$C_5H_5NH(+)Cl(-) + -CH(O)CH- \longrightarrow C_5H_5N + \underset{O}{\bigtriangleup}\overset{Cl}{\diagup}$$

$$C_5H_5NH(+)Cl(-) + NaOH \longrightarrow C_5H_5N + NaCl + H_2O$$

具体操作如下：准确称取 0.5 g(精确到 1 mg)环氧树脂，放入 250 mL 磨口锥形瓶中，用移液管加入 0.2 mol/L 的盐酸吡啶溶液 20 mL，装上回流冷凝管，轻轻摇动使样品溶解。等样品完全溶解后，将锥形瓶浸入甘油浴，于 95~100 ℃下保温 30 min 后取出，用 5 mL 吡啶冲洗冷凝管。冷至室温后卸下冷凝管，加入 3 滴酚酞溶液，用 0.2 mol/L 的 NaOH 乙醇标准溶液滴定至浅粉红色。同时做空白滴定。重复两遍，计算公式为

$$EPV = \frac{(V_0 - V_1)M}{10W}$$

式中，EPV 为环氧值；V_0、V_1 分别为空白滴定、样品滴定消耗的 NaOH 乙醇标准溶液的体积，mL；M 为 NaOH 乙醇标准溶液的浓度，mol/L；W 为样品质量，g。

注：

① 低相对分子质量的环氧树脂在室温下为黏稠液体，取样时可用一干净的玻璃棒挑取小团树脂并黏到已准确称重的锥形瓶底内壁上（注意不要让树脂拉出的丝黏到瓶口上）。若样品的相对分子质量较高，则可称取 1 g 左右的样品。

② 取 10 mL 浓盐酸加入 500 mL 吡啶中即得 20 mL/L 的盐酸吡啶溶液。测定相对分子质量小于 1500 的环氧树脂可用盐酸丙酮溶液。配制方法与盐酸吡啶溶液相同。实验操作应在通风橱中进行。

4.4 醇解度的测定

醇解度是指分子链上的羟基与醇解前分子链上乙酰基总数的比值。

聚乙酸乙烯酯经醇解后可制得聚乙烯醇（PVA），其醇解度常不相同，分子链上还剩有数量不等的乙酰基。用 NaOH 溶液水解剩余的酯基，根据消耗的 NaOH 的量，可计算出醇解度。

准确称取干燥至恒重的 PVA 样品 1.5 g（精确到 1 mg），置于 250 mL 的锥形瓶中，加入 80 mL 蒸馏水，回流至全部溶解。稍冷后加入 25 mL 0.5 mol/L 的 NaOH 水溶液，在水浴中回流 1 h，再冷却至近室温，用 10 mL 蒸馏水冲洗冷凝管。卸下冷凝管。加入几滴 0.1% 的甲基橙溶液，用 0.5 mol/L 盐酸标准溶液滴定至出现黄色。同时做空白滴定。如此重复两次。其计算公式为

$$乙基含量 = \frac{(V - V_0)M \times 0.043}{W} \times 100\%$$

$$醇解度 = \frac{W - (V - V_0)M \times 0.086}{W - (V - V_0)M \times 0.042} \times 100\%$$

式中，V、V_0 分别为空白滴定、样品滴定消耗的 HCl 标准溶液的体积，mL；M 为 HCl 标准溶液的浓度，mol/L；W 为样品质量，g。

4.5 缩醛度的测定

缩醛度是指参加缩醛反应的羟基的百分含量。缩醛基和盐酸羟胺反应放出 HCl，用碱滴定释放出来的盐酸，根据碱的用量可求得缩醛度。其反应式为

$$HCl + NaOH \longrightarrow NaCl + H_2O$$

准确称取干燥至恒重的聚乙烯醇缩丁醛(PVB)样品 1 g(精确到 1 mg),置于 250 mL 磨口锥形瓶中,加入 50 mL 乙醇、25 mL 7%的盐酸羟胺溶液,装上回流冷凝管在水浴中回流 3 h。冷却至近室温后,将冷凝管用 20 mL 乙醇仔细冲洗后取下。加入几滴溴百里酚蓝指示剂[①],用 0.5 mol/L 的 NaOH 标准溶液[②]滴定,终点时溶液由黄变蓝[③]。同样条件下进行空白滴定。重复两次。其计算式为

$$P = \frac{(V - V_0)M \times 0.73}{W} \times 100\%$$

$$醛度 = \frac{(V - V_0)M \times [44A + 86(1 - A)]}{500AW} \times 100\%$$

式中,P 为 PVB 分子链上 $CH_3CH_2CH_2CHO$ 的百分含量;V、V_0 分别为空白滴定、样品滴定消耗的 NaOH 标准溶液的体积,mL;M 为 NaOH 标准溶液的浓度,mol/L;W 为样品质量,g;A 为醇解度。

注:

① 溴百里酚蓝的配制方法:将 20%的乙醇配制成 0.05%的溶液,再在每 100 mL 溶液中加入 3.2 mL 0.05 mol/L 的 NaOH 溶液。

② NaOH 标准溶液所用溶剂为 50%的乙醇。

③ 这一方法只适合那些能溶于水-乙醇体系的缩醛。对于不溶者而言,如聚乙烯醇缩甲醛,应先将其酸解,收集解离出来的醛,再用同样的方法进行测定。

4.6　氯含量的测定

含有氯元素的聚合物样品在镍坩埚中被 NaOH 和 KNO_3 分解,使氯转化为离子,把被分解后的样品溶在水中,用标准 $AgNO_3$ 溶液将 Cl^- 沉淀,再用 KCNS 标准溶液滴定剩余的 Ag^+,从而计算出氯含量。

准确称取干燥至恒重的样品 0.2 g(精确到 1 mg)并放入镍坩埚中,加入 2 g NaOH 和 1 g KNO_3,仔细将其拌匀,然后在其面上再覆盖 0.5 g KNO_3。盖好坩埚盖,置坩埚于泥三角上,用煤气灯加热。加热时,用坩埚钳压紧坩埚盖,并注意控制加热温度,若黑烟冒出很猛烈,则可撤去煤气灯,稍停一会儿再继续加热。加热时间约为 10 min,这时可揭开坩埚盖,看样品是否完全分解,若还有未分解的样品附在坩埚壁或盖上,则可将坩埚倾斜,让未分解的部分接近火源。坩埚盖上放上数粒 KNO_3,直接在火上加热到附有一层透明液体。撤离火源,钳住坩埚慢慢转动使熔融物在坩埚内壁均匀凝固。冷却后,将坩埚连同盖一起投入装有 150 mL 蒸馏水的刚煮沸过的烧杯中。在烧杯上盖一块表面皿。加热,待坩埚内固体全部溶解时,取出坩埚及盖子,用蒸馏水冲洗数次,使溶液总量在 200 mL 左右。

在上述水溶液中加几滴酚酞指示剂,用 1:1 HNO_3 溶液中和后再过量 3~5 mL。加入硝基苯 2 mL,在充分搅拌下慢慢加入 0.1 mol/L 的 $AgNO_3$ 标准溶液 20 mL,再加入 30%的铁铵矾[$Fe(NH_4)_2(SO_4)_2 \cdot 12H_2O$]指示剂 1 mL,搅拌下用 0.1 mol/L 的 KCNS 标准溶液滴定,至出现微砖红色。其计算式为

$$氯含量 = \frac{(M_1V_1 - M_2V_2)M \times 35.46}{1000W} \times 100\%$$

式中，M_1、M_2 分别为 $AgNO_3$ 标准溶液和 KCNS 标准溶液的浓度，mol/L；V_1、V_2 分别为加入的 $AgNO_3$ 标准溶液和 KCNS 标准溶液的体积，mL；W 为聚合物样品质量，g。

4.7　游离异氰酸酯的测定

样品中的异氰酸酯易与过量的胺反应，用酸的标准溶液回滴剩余的胺，根据消耗的标准酸的量可算出异氰酸酯的含量。比较合适的胺是正丁胺和二正丁基胺。其反应式为

$$RNCO + R'NH_2 \longrightarrow RNHCONHR'$$
$$R'NH_2 + HCl \longrightarrow R'NH_2 \cdot HCl$$

水、醇能和异氰酸酯基反应，所以选用的溶剂一定是非羟基型并经过严格处理。一般常用氯苯或二氧六环作为溶剂。

称取约 1 g(精确到 1 mg)样品[①]，置于 100 mL 锥形瓶中，加入 10 mL 二氧六环。待样品全部溶解后，用移液管准确移入 10 mL 正丁胺的二氧六环溶液[②]，盖上磨口塞并摇匀，放置 15 min[③] 后加入几滴甲基红溶液[④]，用 0.1 mol/L 的盐酸标准溶液滴定，终点时溶液颜色由黄变红。同时进行空白滴定。重复两次，其计算式为

$$C = \frac{(V_0 - V_1)M \times 4.2}{100W} \times 100\%$$

式中，C 为异氰酸酯基在样品中的百分含量；V_0、V_1 分别为空白滴定、样品滴定中消耗的盐酸标准溶液的体积，mL；M 为 HCl 标准溶液的浓度，mol/L；W 为样品的质量，g。

注：

① 取样量的多少应根据样品中的异氰酸酯的大致含量确定。

② 二氧六环在 KOH 存在下回流 6 h 后蒸出。用在 500 ℃下活化的分子筛浸泡干燥，称取 25 g 正丁胺，溶于上述干燥好的二氧六环中，稀释至 1000 mL。

③ 测定不同类型的样品时，其放置时间是不同的。一般芳香族异氰酸酯要放置 15 min，脂肪族异氰酸要放置 45 min。

④ 甲基红用 60% 的乙醇配成 0.1% 的溶液。

4.8　苯酚的分析方法

1. 实验步骤

(1) 配制 0.1 mol/L $KBrO_3$-KBr 溶液。称取 2.783 g 干燥的 $KBrO_3$ 和 10.000 g 干燥的 KBr，溶于蒸馏水中，稀释至 1000 mL。

(2) 配制 0.1 mol/L $Na_2S_2O_3$ 溶液。称取 24.800 g 分析纯 $Na_2S_2O_3 \cdot 5H_2O$，溶于蒸馏水中，稀释至 1000 mL。

(3) 配制淀粉溶液。称取 0.5 g 可溶性淀粉，用冷水先调成稀糊状，倒入沸腾的 80 mL 蒸馏水中继续煮沸 5 min。过滤后，加入 $ZnCl_2$ 0.4 g，调节至 100 mL。

2. 分析步骤

(1) 空白滴定。用吸量管或移液管量取 10 mL $KBrO_3$-KBr 溶液并放入锥形瓶中，加入 3 mL 浓盐酸，迅速盖好摇匀后静置 10 min。加入 5% 的 KI 溶液 6 mL，摇匀，静置 10 min 后，用

蒸馏水冲洗瓶口和瓶塞。用 0.1 mol/L $Na_2S_2O_3$ 标准溶液滴定。近终点时加入数滴淀粉溶液，滴到蓝色消失。

空白滴定也可取 20 mL、30 mL、35 mL 等不同量的 $KBrO_3$-KBr 混合液，以测定不同含酚量的样品。所用其他试剂也按相应的比例增加。

（2）样品分析。用吸量管移取 10 mL $KBrO_3$-KBr 混合液于锥形瓶中，加入待测样品 10 mL，再加入 3 mL 浓盐酸和 6 mL 5％ KI 溶液。按上述空白滴定的步骤进行滴定。其计算公式为

$$P = \frac{(V_0 - V_1)NM}{6000V}$$

式中，P 为单位体积样品中含苯酚的量，g/mL；V_0、V_1 分别为空白滴定、样品滴定消耗的 $Na_2S_2O_3$ 标准溶液的体积，mL；N 为 $Na_2S_2O_3$ 标准溶液的浓度，mol/L；M 为苯酚的摩尔质量，g/mol；V 为被测样品的体积，mL。

3. 微量酚测定方法

微量酚的测定常用 4-氨基安替比林法，具体测定步骤如下：

（1）标准曲线的绘制。

① 称取 0.500 g 新蒸的苯酚于 100 mL 的锥形瓶中，加蒸馏水进行溶解，移入 1000 mL 容量瓶中，加蒸馏水稀释至刻度。

② 取 250 mL 锥形瓶 6 只，分别加入 2 mL、4 mL、6 mL、8 mL、10 mL、12 mL 刚配制的标准溶液，再分别加入 2 mL 浓盐酸并用蒸馏水稀释至 50 mL。

③ 用 5％的 NaOH 水溶液调 pH 至 7～8，加入 1 mL 3％的 4-氨基安替比林、10 mL 4％四硼酸钠水溶液和 1 mL 2％ $(NH4)_2S_2O_3$ 水溶液，一并移入 100 mL 容量瓶内，加蒸馏水稀释至刻度，摇匀，停放 15 min。

④ 用分光光度计测定消光，波长为 530 nm，每个样品分别用 20 mm、10 mm 和 5 mm 比色皿各测一次。

⑤ 绘制酚浓度-消光值标准工作曲线。

（2）样品的测定。

① 取 50 mL 样品，在锥形瓶中用 5％的 NaOH 水溶液中和至 pH 为 7～8。

② 加入 1 mL 3％ 4-氨基安替比林、10 mL 4％四硼酸钠水溶液和 1 mL 2％ $(NH4)_2SO_4$，然后移入 100 mL 的锥形瓶中，稀释至刻度，摇匀后放置 15 min。

③ 测消光。根据所测消光值在前面绘制的工作曲线上查出对应的酚浓度。实验酚浓度为查出的酚浓度的 2 倍。在本方法中，NaCl 浓度对消光值有影响，故中和时 NaOH 的用量要准确把握。

附录 5　结晶性聚合物的密度

聚合物	$\rho_c\,(\mathrm{g/cm^3})$	$\rho_a\,(\mathrm{g/cm^3})$
高密度聚乙烯	1.00	0.85
聚丙烯	0.95	0.85
聚苯乙烯	1.13	1.05
聚甲醛	1.54	1.25
聚四氟乙烯	2.35	2.00
尼龙 6	1.23	1.08
尼龙 66	1.24	1.07
尼龙 610	1.19	1.04
聚对苯二甲酸乙二酯	1.46	1.33
聚碳酸酯	1.31	1.20
聚甲基丙烯酸甲酯	1.23	1.17
聚乙烯醇	1.35	1.26
聚偏氟乙烯	2.00	1.74
聚乙炔	1.15	1.00
聚异丁烯	0.94	0.86

附录 6　高分子-溶剂分子相互作用参数(X_1)

高分子	溶剂	温度(℃)	X_1
聚异丁烯	苯	27	0.50
	环己烷	27	0.44
聚苯乙烯	甲苯	27	0.44
	月桂酸乙酯	25	0.47

续表

高分子	溶剂	温度(℃)	X_1
聚氯乙烯	四氢呋喃	27	0.14
	二氧六环	27	0.52
	磷酸三丁酯	53	-0.65
	硝基苯	53	0.29
		76	0.29
	硝基甲烷	53	0.44
		76	0.42
	丙酮	27	0.63
		53	0.60
	丁酮	53	1.74
		76	1.58
天然橡胶	苯	25	0.44
	四氯化碳	15～20	0.28
	氯仿	15～20	0.37
	二硫化碳	25	0.49
	乙酸戊酯	25	0.49

附录 7　聚合物的溶度参数

聚合物	$\delta(MPa^{1/2})$	聚合物	$\delta(MPa^{1/2})$
丁基橡胶	16.0	聚丙烯酸甲酯	19.8
二乙酸纤维素	22.3	聚丙烯酸乙酯	19.0
二硝化纤维素	21.7	聚丙烯酸正丁酯	17.8
乙基纤维素	21.1	聚甲基丙烯酸甲酯	19.0
硝酸纤维素	23.5	聚甲基丙烯酸乙酯	18.6
三异氰酸苯酯纤维素	25.2	聚甲基丙烯酸丙酯	18.0
天然橡胶	16.6	聚甲基丙烯酸丁酯	17.8

聚合物	$\delta(\mathrm{MPa}^{1/2})$	聚合物	$\delta(\mathrm{MPa}^{1/2})$
氯丁橡胶	18.1	聚甲基丙烯酸叔丁酯	17.0
氯化橡胶	19.2	聚甲基丙烯酸己酯	17.6
聚丙烯腈	29.7	聚甲基丙烯酸辛酯	17.2
聚乙烯	16.2	聚乙酸乙烯酯	19.2
聚丙烯	16.6	聚衣康酸二丁酯	18.2
聚异丁烯	16.3	聚衣康酸二戊酯	17.7
聚丁二烯	17.3	聚对苯二甲酸乙二酯	21.9
聚氯乙烯	19.6	聚环氧丙烷	15.4
聚偏二氯乙烯	25.4	聚二甲基硅氧烷	19.5
聚溴乙烯	19.5	聚碳酸酯	20.5
聚四氟乙烯	12.7	聚砜	21.5
聚苯乙烯	18.1	尼龙-66	27.8

附录 8　聚合物分级用的溶剂和沉淀剂

聚合物	溶剂	沉淀剂	聚合物	溶剂	沉淀剂
聚乙烯	甲苯	正丙醇	聚乙烯醇	水	丙醇
	二甲苯	正丙醇		水	正丙醇
	二甲苯	三甘醇		乙醇	苯
聚氯乙烯	环己酮	正丁醇	聚丙烯腈	二甲基甲酰胺	庚烷
	环己酮	甲醇	聚甲基丙烯酸甲酯	丙酮	水
	四氢呋喃	丙醇		丙酮	己烷
	硝基苯	甲醇		苯	甲醇
	环己烷	丙酮		氯仿	石油醚
	四氢呋喃	甲醇	丁基橡胶	苯	甲醇
	丁酮	甲醇	聚己内酰胺	甲酚	环己烷
	丁酮	丁醇+2%水		甲酚+水	汽油
	苯	甲醇	乙基纤维素	乙酸甲酯	丙酮—水 $(V/V=1:3)$

续表

聚合物	溶剂	沉淀剂	聚合物	溶剂	沉淀剂
聚氯乙烯	三氯甲烷	甲醇	醋酸纤维素	苯-甲醇	庚烷
	甲苯	甲醇		丙酮	水
	苯	乙醇		丙酮	乙醇
	甲苯	石油醚			
	丙酮	水			
聚乙酸乙烯酯	苯	异丙醇			

附录9　常用单体的竞聚率

单体1	单体2	r_1	r_2	$r_1 r_2$	反应温度(℃)
苯乙烯	乙基乙烯基醚	80±40	0	0	80
苯乙烯	异戊二烯	1.38±0.54	2.05±0.45	2.83	50
苯乙烯	乙酸乙烯酯	55±10	0.01±0.01	0.55	60
苯乙烯	氯乙烯	17±3	0.02	0.34	60
苯乙烯	偏二氯乙烯	1.85±0.05	0.085±0.01	0.157	60
丁二烯	丙烯腈	0.3	0.02	0.006	40
丁二烯	苯乙烯	1.35±0.12	0.58±0.15	0.78	50
丁二烯	氯乙烯	8.8	0.035	0.31	50
丙烯腈	丙烯酸	0.35	1.15	0.40	50
丙烯腈	苯乙烯	0.04±0.04	0.40±0.05	0.016	60
丙烯腈	异丁烯	0.02±0.02	1.8±0.2	0.036	50
甲基丙烯酸甲酯	苯乙烯	0.46±0.026	0.52±0.026	0.24	60
甲基丙烯酸甲酯	丙烯腈	1.224±0.10	0.150±0.08	0.184	80
甲基丙烯酸甲酯	氯乙烯	10	0.10	1.0	68
氯乙烯	偏二氯乙烯	0.3	3.2	0.96	60
氯乙烯	乙酸乙烯酯	1.68±0.08	0.23±0.02	0.39	60
四氟乙烯	三氟氯乙烯	1.0	1.0	1.0	60
顺丁烯二酸酐	苯乙烯	0.015	0.040	0.006	50

附录 10 聚合物特性黏数-分子量关系($[\eta] = KM^{\alpha}$)参数表

聚合物	溶剂	温度(℃)	$k \times 10^2$ $(mL \cdot g^{-1})$	α	分子量范围 $M \times 10^{-3}$	测定方法
聚乙烯(高压)	十氢萘 二甲苯	70 105	6.8 1.76	0.675 0.83	200 以内 11.2~180	O O
聚乙烯(低压)	α-氯苯	125	4.3	0.67	48~950	L
聚丙烯	十氢萘 四氢萘	135 135	1.00 0.80	0.80 0.80	100~1100 40~650	L O
聚异丁烯	环己烷	30	2.76	0.69	37.8~700	O
聚丁二烯	甲苯	30	3.05	0.725	53~490	O
聚异戊二烯	苯	25	5.02	0.67	0.4~1500	O
聚苯乙烯	苯	20	1.23	0.72	1.2~540	L,S,D
聚苯乙烯(等规)	甲苯	25	1.7	0.69	3.3~1700	L
聚氯乙烯	环己酮	25	0.204	0.56	19~150	O
聚甲基丙烯酸甲酯	丙酮 苯	20 20	0.55 0.55	0.73 0.76	40~8000 40~8000	S,D S,D
聚乙酸乙烯酯	丁酮	25	4.2	0.62	17~1200	O,S,D
聚乙烯醇	水	30	6.62	0.64	30~120	O
聚丙烯腈	二甲基甲酰胺	25	3.92	0.75	28~1000	O
尼龙 6	甲酸(85%)	20	7.5	0.70	4.5~16	E
尼龙 66	甲酸(90%)	25	11	0.72	6.5~26	E
醋酸纤维素	丙酮	25	1.49	0.82	21~390	O
硝基纤维素	丙酮	25	2.53	0.795	68~224	O
乙基纤维素	乙酸乙酯	25	1.07	0.89	40~140	O
聚二甲基硅氧烷	苯	20	2.00	0.78	33.9~114	L
聚甲醛	二甲基甲酰胺	150	4.4	0.66	89~285	L
聚碳酸酯	氯甲烷 四氢呋喃	20 20	1.11 3.99	0.82 0.70	8~270 8~270	S,D S,D
天然橡胶	甲苯	25	5.02	0.67		
聚对苯二甲酸乙二酯	苯酚-四氯化碳 (1:1)	25	2.10	0.82	5~25	E
聚环氧乙烷	水	30	1.25	0.78	10~100	S,D

附录 11　稀释型乌氏黏度计毛细管内径与适用溶剂(20 ℃)

毛细管内径(mm)	适用溶剂
0.37	二氯甲烷
0.38	三氯甲烷
0.39	丙酮
0.41	乙酸乙酯,丁酮
0.46	乙酸丁酯/丙酮(1/1)
0.47	四氢呋喃
0.48	正庚烷
0.49	二氯乙烷,甲苯
0.54	氯苯、苯、甲醇、对二甲苯、正辛烷
0.55	乙酸丁酯
0.57	二甲基甲酰胺、水
0.59	二甲基乙酰胺
0.61	环己烷、二氧六环
0.64	乙醇
0.66	硝基苯
0.705	环己酮
0.78	邻氯苯酚、正丁醇
0.80	苯酚/四氯乙烷(1/1)
1.07	96%硫酸、93%硫酸、间甲酚

附录 12　常见聚合物名称和英文缩写

聚合物	英文缩写	聚合物	英文缩写
低密度聚乙烯	LDPE	聚甲醛	POM
高密度聚乙烯	HDPE	聚砜	PSF
聚丙烯	PP	聚异戊二烯	PI
聚苯乙烯	PS	聚丙烯酰胺	PAM
聚氯乙烯	PVC	聚甲基丙烯酸甲酯	PMMA
聚四氟乙烯	PTFE	聚丙烯酸甲酯	PMA
聚乙烯醇	PVA	聚乙酸乙烯酯	PVAc
聚丁二烯	PBu	聚对苯二甲酸乙二醇酯	PET
聚丙烯腈	PAN	聚对苯二甲酰对苯二胺	PPTA
聚丙烯酸	PAA	聚对苯苯并二噻唑	PBZT
聚异丁烯	PIB	聚对苯苯并二噁唑	PBZO

参 考 文 献

[1] 赵殊, 李丽萍. 高分子科学实验[M]. 哈尔滨：东北林业大学出版社, 2007.

[2] 张兴英, 李齐方. 高分子科学实验[M]. 北京：化学工业出版社, 2004.

[3] 刘建平, 郑玉斌. 高分子科学与材料工程实验[M]. 北京：化学工业出版社, 2005.

[4] 何卫东. 高分子化学实验[M]. 合肥：中国科学技术大学出版社, 2003.

[5] 曹同玉, 刘庆普, 胡金生. 聚合物乳液合成原理性能及应用[M]. 北京：化学工业出版社, 1997.

[6] 周其凤, 胡汉杰. 高分子化学[M]. 北京：化学工业出版社, 2001.

[7] 闫红强, 程捷, 金玉顺. 高分子物理实验[M]. 北京：化学工业出版社, 2012.

[8] 周智敏, 米祝远. 高分子化学与物理实验[M]. 北京：化学工业出版社, 2011.

[9] 涂克华, 杜滨阳, 杨红梅, 等. 高分子专业实验教程[M]. 杭州：浙江大学出版社, 2011.

[10] 刘方. 高分子材料与工程专业实验教程[M]. 上海：华东理工大学出版社, 2012.

[11] 韩哲文. 高分子科学实验[M]. 上海：华东理工大学出版社, 2004.

[12] 杨海洋, 朱平平, 何平笙. 高分子物理实验[M]. 合肥：中国科学技术大学出版社, 2008.

[13] 欧国荣, 张德震. 高分子科学与工程实验[M]. 上海：华东理工大学出版社, 1998.

[14] 何曼君, 陈维孝, 董西侠. 高分子物理[M]. 上海：复旦大学出版社, 1997.

[15] 胡荣祖, 史启祯. 热分析动力学[M]. 北京：科学出版社, 2001.

[16] 潘祖仁. 高分子化学[M]. 北京：化学工业出版社, 2007.

[17] 李青山. 微型高分子化学实验[M]. 北京：化学工业出版社, 2009.

[18] 张倩. 高分子近代分析方法[M]. 成都：四川大学出版社, 2010.

[19] 潘文群. 高分子材料分析与测试[M]. 北京：化学工业出版社, 2005.

[20] 吴智华. 高分子材料加工工程实验教程[M]. 北京：化学工业出版社, 2004.

[21] 王贵恒. 高分子材料成型加工原理[M]. 北京：化学工业出版社, 2002.

[22] 李东光. 脲醛树脂胶黏剂[M]. 北京：化学工业出版社, 2002.

[23] 刘值榕. 橡胶工业手册[M]. 北京：化学工业出版社, 1992.

[24] 倪才华, 陈明清, 刘晓亚. 高分子材料科学实验[M]. 北京：化学工业出版社, 2015.

[25] 汪存东, 谢龙, 张丽华, 等. 高分子科学实验[M]. 北京：化学工业出版社, 2018.

[26] 王沛, 刘炼. 高分子材料科学实验[M]. 大连：大连海事大学出版社, 2019.